国家出版基金项目
NATIONAL PUBLICATION FOUNDATION

陈明达 著

【第三卷】

陈明达全集

古代建筑通史与木结构技术史专论

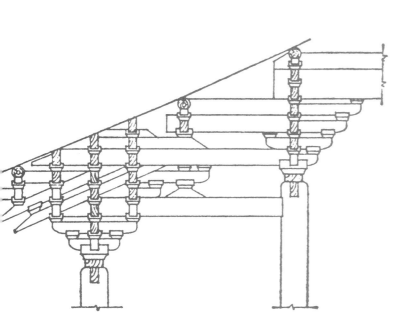

浙江摄影出版社

图书在版编目（ＣＩＰ）数据

陈明达全集. 第三卷，古代建筑通史与木结构技术史
专论 / 陈明达著. -- 杭州 ： 浙江摄影出版社，2023.1
　　ISBN 978-7-5514-3729-5

　　Ⅰ．①陈… Ⅱ．①陈… Ⅲ．①陈明达（1914-1997）
－全集②古建筑－建筑史－技术史－中国 Ⅳ．①TU-52
②TU-098.62

中国版本图书馆CIP数据核字(2022)第207099号

第三卷　目录

1

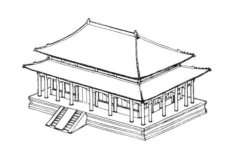

《中国建筑》
导言及图版说明①

《中国建筑》导言

中国建筑是世界建筑中独树一帜的体系，曾经保持着最持久的传统和建筑创作的基本原则。这是由于：中国东南是大海，西南及东北是高山森林，西北是戈壁沙漠，上古时候，环境使得生活在这里的人们很少可能和外界来往接触，只能按照自己的生活方式、风俗习惯和材料技术等来创造自己的建筑，并且按照自己的需要和经验去发展它。

我国和西方的交通来往，从汉代才开始繁荣起来，我国文化也是从这时开始才逐渐受到外来影响。这时我国的建筑，由于积累了丰富的经验，已经发展成一个完善的体系。当时砖石结构及木结构的技术已经成长起来；主要的建筑材料——砖、瓦——已能大量生产；中国建筑特有的布局形式已经形成；建筑已经能满足社会生活的各种需要，具有以后二千余年中建筑的基本雏形。汉代是初期封建社会中全国统一的帝国，经济政治都达到较高的阶段；从那时到半殖民地半封建社会，为期二千余年，社会制度、经济基础没有根本的改变。所以，汉代建筑既已成为完美的体系，它很自然地就成为中国整个封建社会时期建筑的基础，后来的发展就是在这个基础上使它更加丰富完美。

中国是一个多民族的国家，各民族的建筑因各自的生活习俗和不同地区的材料技术而具有不同的风格。从本书 151 至 175 各图，就可以大致认识到各民族建筑的不同形式。伊斯兰教的建筑喜欢用尖拱或文字作装饰，如伊斯兰教寺庙特有的唤醒楼（邦克楼）等；藏族善于建造规模宏伟的高层建筑及装饰富有藏族喇嘛教特色的佛塔；蒙古族建造适应游牧生活需要的帐篷式住屋——蒙古包以及另一种形式的喇嘛教寺庙。这些都是具有鲜明的民族风格的。但是由于几千年的文化交流，各民族的建筑虽然有这些不同风格，却仍然有如下的主要的共同特点。

一

通常我们对住宅、寺庙、宫殿、坛、陵等等的概念，总是指一个由若干个体建筑组成的组群而言，例如佛光寺〔图版 37〕、永乐宫〔图版 73〕、太庙〔图版 90〕、天坛〔图版 104〕、普陀宗乘之庙〔图版 113〕、须弥福寿庙〔图版 116〕、普乐寺〔图版 114〕以及各地的住宅〔图版 141～147〕等等。

平面布局〔插图一〕多在基地的四面建造建筑物，当中形成院子。各个建筑物的正面都面向院子；或是在基地的主要轴线上，布置一连串的主要厅堂，四周则用围墙或廊屋环绕起来，形成一系列或大或小的庭院。庭院里一般都种植一些花草树木，以丰富环境。在前举各图中都可以看到这种组合形式。

这种平面布局，产生了必然的立面外观：各个建筑物的背面、围墙连接在一起，形成一条横带的外墙，从外墙上面显露出院内一系列的屋顶。各个建筑物的高度及体量常常是由前到后逐渐增加的，就使得这条横带上的建筑物的轮廓，呈现抑扬顿挫的节奏。这种平面和由这种平面所形成的空间布局，是不可分割的有机的结合。

这种封闭性建筑的主要入口——大门——具有特殊的重要性。这是全组建筑中唯一正立面向外的建筑物。即使是规模不大的住宅，也要对大门加以装饰，并使它具有一定的深度，使之显明突出。规模较大的建筑群，则往往用一座单独的建筑物作为组群的大门，并在门前布置石狮、牌坊等装饰性的雕刻或建筑物〔图版 109〕。

像北京故宫这样举世无匹的大建筑群，就在从中华门到午门全长约 1200 米的轴线上，布置了四座门〔图版 96～98〕——中华门、天安门、端门和午门。这些门的两旁还有一系列的廊屋、侧门。天安门前并且布置着白色大理石建成的建筑物和雕刻——五座拱桥、石狮和华表。

明代十三陵前 7 公里长的陵道上，布置着石牌坊〔图版 81〕、三孔桥、大红门、碑亭、华表〔图版 82〕、十八对石兽石像、龙凤门、五孔桥及七孔桥等，作为那些巨大组群的"序曲"，很自然地把人们引导到建筑群的主要中心去，并且用它们的形象和规模，逐渐把人们的感情引向应有的境界中去。

中国建筑组群特有的平面和空间布局也同样应用于城市布局。一个城市就是由若

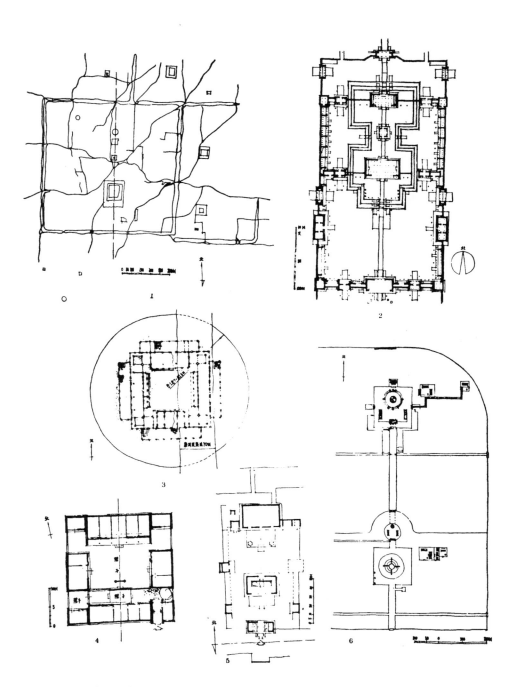

1. 邯郸赵王城遗址平面图　　　　　　2. 北京故宫三大殿平面图
3. 汉"辟雍"（？）平面图——西安发掘　4. 北京四合院
5. 大同善化寺总平面　　　　　　　　6. 北京天坛主轴的建筑布置

插图一　几种典型的建筑组群平面（陈明达绘）

干组群组成的坊里组成的。事实上古代的城市规划，就是规模更大的综合的建筑组群：高大的建筑物布置在全城的中轴线上；适应古代防御的城墙，用它坚实的躯体和纯朴的形象，包围着整个城区；城楼、箭楼［图版92～94］这些防御上必不可少的建筑物，不仅是城市的大门，并且是对于城市面貌具有重要意义的纪念性建筑物。

二

中国古代的建筑师是善于利用自然环境、善于创造气氛的。古代匠师总是把周围环境和建筑物有机地结合起来，使它们相得益彰。

在平坦的地面上，就用建筑物自身或树木创造出一定的环境。如故宫三大殿这一组建筑群［图版100～103］，庭院中没有种植一棵树；广阔的庭院，高大的建筑物，迫使来到这里的人们感觉自己的渺小，甚至人们发出的声音也显得极其微弱。处在这样的环境中，人们不自觉地就沉静严肃起来。

太庙［图版90］、天坛［图版104］等，作为祀神的地点，则又是另一种布局：中轴线上建筑物的外围是浓密的柏树林，使人们在到达神庙之前，思想感情被林荫陶冶澄净，促成了神庙的神秘幽静感；天坛这一组建筑，建造在高高的台基上，连那条连接各组建筑物的甬道都高出地面3米，使得建筑物屹立在森林之上，加强了崇高的气氛。

宫殿中的居住部分和住宅庭院中，常常是种植些观赏树木［图版148］，并且利用走廊抱厦等增加生活的趣味。

承德外八庙［图版112～116］是善于利用地形的最好实例之一。这里的寺庙都建在山坡上，每一座殿堂的位置都是经过深思熟虑的选择。建造者只是把原有地形加以很小的整理，而不是花费巨大的劳动去改变地形，所以，全部建筑物和它周围的地形环境、自然风景能极其融洽地结合在一起。并且正是由于这些建筑物，我们能够更清楚地看出地形的起伏。

在庭园里，建筑和环境的结合更为丰富多彩。无论是利用自然地形建成的颐和园［图版122～130］、完全人工建成的北海［图版118～120］，还是半利用自然地形半人工的江南某些庭园［图版132~139］，都有着共同的创造原则。在庭园中一切都要求显示与大自然相近似的现象；要求在每一季节中，或从任何一个角度看去，都能得到不同的景色，极力避免一览无遗的布置。在这样的要求下，树木、山石和水面都是极其重要的因素，而建筑物就必须做到与自然界融洽。因此庭园中的建筑，不一定是那些既定的布局，而是极自然地顺随着地形环境，采用错落变化的处理，使人们尽可能在人工花园中享受到自然界的美景。

庭园建筑物的细部——窗格、漏窗、栏杆和地面［图版140］等的图案，都是和周围环境相协调的、精致的艺术创作，并且注重就地取材和利用废料。庭园建筑的门窗位置有极重要的意义。通过门窗孔洞应当看到极美好的对景，把环境中可取的景致通过门窗引到室内来，好像是室内悬挂的画幅。因此，也有必要把门窗边框设计成各种画框的形象。这可以说是把建筑和自然风景相结合的非常出色的方法。

三

个体建筑物一般都采用标准做法，同时又能组成极其丰富生动的形象。这也是中国建筑的重要特点。

个体建筑物的平面有长方形、正方形、六角形、八角形和圆形等基本形象以及由此产生的十字形（或亞字形）、凸字形、半圆形、扇形等等平面。每一种基本平面又可以加周围廊、前后廊、前廊或加抱厦等，而有不同的布局。每一种基本平面都具有它一定的标准结构方法。

按个体建筑的立面来说，一座建筑物可以分为基座、屋身、屋顶三大部分［插图二］。每一部分各有几种标准式样或做法。这表现为：

基座有用砖石垒砌的立方体矮座或很高的高座（如图版69上华严寺大殿）、单层须弥座和多层须弥座（如图版100、103故宫三大殿）、用斗栱做成的平坐（如图版67《水殿招凉图》）。

屋身部分有用隔断墙、槛窗、槅扇门、版门或全部敞开等各种布局。

1. 悬山屋顶　　　　　2. 硬山屋顶　　　　　3. 单檐庑殿屋顶
4. 单檐歇山屋顶　　　5. 单檐攒尖屋顶　　　6. 卷棚歇山屋顶
7. 重檐攒尖屋顶　　　8. 重檐歇山屋顶　　　9. 重檐庑殿屋顶

插图二　几种主要的木构建筑屋顶形式（陈明达绘）

屋顶分为庑殿、歇山、攒尖、卷棚、悬山、硬山等六种基本做法以及十字形平面的四面歇山做法等等。在庑殿、歇山、攒尖下面，还可以加腰檐，成为重檐屋顶。

这种三个部分的构图方式不仅用于单层建筑，多层建筑也是如此。多层建筑只是把若干单层建筑重叠起来的构造，所以建筑物横向的层次极其显著。不过它也有各种不同的方式，而各有其不同的效果。最正规的做法，每一层都具备基座、屋身、屋顶三部分（自第二层开始的基座都是用平坐），如独乐寺观音阁［图版47］、佛宫寺释迦塔［图版54］、万泉①飞云楼［图版117］等都是这种布局；也有自第二层开始，以上各层不用基座部分而只有屋檐的；还有除第一层用基座、最上层用屋顶外，其他各层都只在每一层下安装"挂落板"，划分出每层的界限的。

个体建筑物的各部分及其每一构件，都有严格的比例规定。按照这些规定的比例去做，就可以得到完全相同的外形。这就是说，建筑物的局部及其构件是完全标准化了的。这种做法是长期经验积累的结果，把它灵活运用，适当地配合，就能够适应当时社会对建筑的各种要求。由于构件及平面的标准化，工人易于记忆熟习，便于分工制造和装备，因而提高了施工效率。

为建筑物各部分的构件和平面，制定出若干标准做法，匠师们就可以按照使用要求，把它们组织起来，得到各种不同的平面及立体布局。这是多样化和标准化的矛盾的统一。建造者的创造性就是把标准化的局部组合成整体，使之成为适用的、合于结构的和富于艺术表现力的空间构图而表现出来。在各时代的建筑中，我们看到了古代匠师在这方面取得的杰出成就。

应当注意，标准化并没有限制建筑的发展改进。历代匠师都曾运用自己的智慧，创造新的更适合需要的标准。所以各个时代都有不同的做法标准，从而产生不同的风格。这也是我们现在研究古代建筑所借以判定时代的重要依据之一。

---

① 万泉、荣河二县于1954年合并为万荣县。

四

在原始社会阶段，我们的祖先就开始利用黄土和木材建成房屋。战国时代燕下都的土台就是用夯土方法筑成的巨大土台，其面积达到 15000 平方米，高达 20 米。像秦始皇陵［图版 2］那样巨大的坟墓，也是用夯土筑成的。版筑墙和土坯墙等，在很早的时代也已使用了。约在东周时代（公元前八世纪至公元前三世纪）便发明了砖瓦。到汉代（公元前二世纪至公元三世纪）已经能制造异常精细坚实的砖瓦［图版 3、6、7、8］，砖石的建筑技术也随之提高。现今还保存着很多汉代的石阙和砖石墓［图版 9、10］。公元 522 年建造的嵩岳寺塔［图版 16］和 605—618 年间建造的安济桥［图版 26］，更有力地说明当时砖石结构技术的高度成就。中国特产的竹子很早就被采作建筑材料。在南方诸省，竹子从古以来就是民间建筑不可缺少的材料。由于竹子的特性，还曾创造出特殊的结构方法——用竹缆索建成长达 300 余米的缆桥［图版 150］。

中国建筑结构最突出的成就，主要是在木结构方面，而木结构的主要成就在于框架式结构［插图三］。这种框架结构是用立柱和横梁组成骨架，建筑物的全部重量都通过柱子传递到地下。墙壁只起隔离室内外的作用，不负担荷重。这样就使得开辟门窗有最大的灵活性，甚至全部空敞，不安门窗。例如晋祠献殿［图版 71］和无数的凉亭，都是很好的实例。

这种柱梁系统的框架结构，至迟在汉代已经成熟了。它的基本方法直到现代民间建筑中还在沿用［图版 143、144］。当时已肯定地使用斗栱作为柱梁间的过渡装置。斗栱的装饰效果，也被当时的建筑师充分发挥出来了。以斗栱为主要结构部分之一的结构方法，到唐代已取得极高的成就。著名的佛光寺大殿［图版 37~40］、独乐寺观音阁［图版 48］、佛宫寺释迦塔［图版 55］等，都是使用这种结构方法的杰出范例。

木结构不仅用于房屋，也用于桥梁。十一世纪的一张名画——《清明上河图》［图版 58］，描绘出当时首都城外的一个木构拱桥。这个结构奇妙的桥曾有过历史记载，并为当时人民所称颂。虽然这种桥没有被保存下来，但是这一做法是完全合理的，是木结构的大胆创作。

无论哪种木结构方法，结构构件主要是用榫卯结合的。古代匠师掌握了复杂的榫

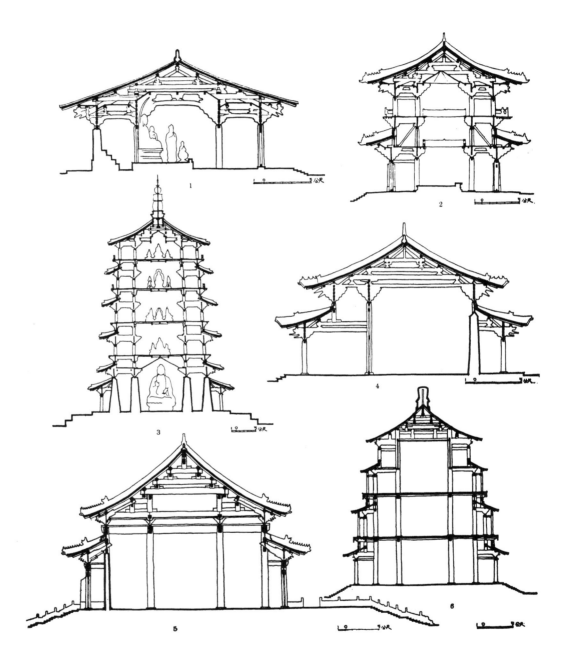

1. 五台山佛光寺大殿　　2. 蓟县独乐寺观音阁
3. 应县佛宫寺释迦塔　　4. 太原晋祠圣母殿
5. 北京昌平明长陵祾恩殿　6. 北京颐和园佛香阁

插图三　几种主要的木构建筑之框架结构（陈明达绘）

卯技巧，有着极其丰富的经验。

自从明代开始，斗栱在结构上已经逐渐失去它原有的意义。明代初年（十五世纪初）建造的长陵祾恩殿，虽然仍旧在檐下做出斗栱，但是它在结构上的作用已远逊于它的装饰作用了。

建筑匠师经常对结构构件予以巧妙的处理，使它同时具有装饰效果。如须弥座、屋顶、斗栱、槅扇菱花、栏杆等等，都是经常被利用、略加处理以取得优美的轮廓或图案的部分。在砖石构件上加以适当的雕刻，利用不同材料的质量色泽——如琉璃、砖、石、石灰、贵重木料等等——恰当的配合等，也都是建筑装饰常用的手段。

使用强烈的原色作装饰是中国建筑装饰最突出的特点。建筑物各部分都具有一定的色调：白色或青色石质的基座，上面立着朱红色的屋身，檐下用纯青绿等冷色作彩画，屋面是黄色或绿色的发亮的琉璃瓦。这种色调使建筑物显得分外庄严富丽，是宫殿、庙宇常用的色调。

北方的住宅也喜欢用浓重的色调。屋身的朱红色和瓦面的青灰色是主要颜色。南方住宅庭园则是另一种色调。那里的匠师喜欢把墙面粉刷得洁白，使之与木构部分的暗色和瓦面的青灰色形成明快爽朗的对比。白色墙面上的门窗洞口常常做成深色，使它获得鲜明的轮廓。这种色调使建筑物显得极其幽雅安静，尤其在庭园中更能取得与周围景色相协调的效果。

在建筑的色调中，琉璃起了重要的作用。它是一种带有釉面的缸瓦，颜色鲜明发亮，主要有黄、绿、蓝、黑等色，也有紫、孔雀绿、乳白等色。琉璃的制造开始于北魏，但现今保存的古代琉璃绝大多数是明、清两代的，可见大量生产琉璃开始于明代。这种材料以其色泽和我们惯用的纯色相协调，尤其是黄绿琉璃和朱红配合起来，才使得中国建筑获得特有的庄严富丽。可以说中国古代建筑用强烈的纯色作装饰，是从大量生产、使用琉璃后，才最后达到完善的境地的。

中国古代建筑有极高的成就、丰富的经验。以上只是就其主要方面、主要特点作简略介绍，作为阅读这本图集①的参考。

---

① 指《中国建筑》，文物出版社，1957。

　　古代匠师给我们留下了丰富的范例。这本图集中所选择的仅仅是其中一小部分。但是它们都是有一定代表性的，是我国古代物质文化的重要遗产。我们以拥有这样的遗产而自豪。我们十分尊重古代劳动人民辛勤出色的果实，国家为此每年列有预算加以保护和修理，并且设有专门机构负责这项工作。

　　在我们为社会主义和共产主义而努力建设时，创造新的民族形式的建筑，是一项极重要也极艰巨的任务。新的民族形式不应该是旧形式的翻版，然而也不能割断历史传统另起炉灶。研究和熟悉古代建筑对于进行新形式的创作也是具有积极意义的。

　　（原载文物出版社 1957 年版《中国建筑》，本卷选用时据作者批注有所删改）

《中国建筑》图版说明

[1] 半坡村居住遗址 ①

1954 年在西安半坡村发掘出一个遗址,在黄土地层上留着很多方形或圆形坑,由其中遗留的彩陶、石器和骨器等,证明是一个新石器时代晚期的村落,这些坑便是当时房屋的遗址。有些坑底的居住面较当时地面低,也有些是在地面之上;坑底上都留有灶穴。坑底和坑壁都拍打坚实,表面抹草泥,或用火烘烤过。沿着坑周缘有土筑矮墙;在墙内遗留着很多小洞,从洞内残留的炭灰可断定是埋立木桩的,它的上面可能是用小木条和红烧土块筑成的屋顶。还有几个较大的坑,在坑壁和坑底留有较大的柱洞,柱的直径大到 40 多厘米,似乎当时已创造出较复杂的构架方法。此图是遗址中最大的一个方形坑,宽 12.5 米,现存长度 10 米,估计全长应有 20 米。 ②

[2] 始皇帝陵 ③

在陕西临潼县(今西安市临潼区),建成于公元前 210 年,是用夯土筑成的大坟墓,外形很像埃及的金字塔,每边长约 600 米,高约 80 米。据记载它的内部是用石块筑成的墓室,并有精致的雕刻。在陵墓周围的耕地中曾发现很多五角形瓦管,推测是

---

① 作者撰写此文时,尚未有河姆渡遗址等更多的考古发现。
② 作者自存书在此处有按语:"应补充盘龙城遗址、殷代夯土、木樘井幹;周原,周代夯土、樘;中山王墓、城、战国空心砖、大瓦、瓦当。"
③ 作者撰写此文时,尚未有兵马俑陪葬坑等新的考古发现。

从墓内通出来的排水管道。[①]

[3] 秦汉瓦当

约在东周时期，我国即开始用瓦。早期的瓦当多半圆形，到战国时期才开始出现正圆形瓦当。汉代以前瓦当上多作几何形及动物形图案，汉代瓦当上才有浮雕文字。

[4] 汉代建筑遗址

在西安市西郊汉代长安城朱雀门遗址南面约 1500 米处。建筑平面作亞字形，外界 42.25 米见方，建造在一个直径 65.5 米的圆形夯土堆上。它的地基做法是先做好圆形大夯土台，然后在上面更筑高台及高台四周的厅堂抱厦基脚。厅堂抱厦基脚用土坯垒成，高台四周也用土坯砌墙围护。柱脚部分则在夯打得硬如石块的夯土上安放石柱础，转角处的柱础都是两个相连，可见原来转角处是两根并立的柱子。在遗址中还发现有方砖、空心砖、瓦、瓦当和在地栿位置残存的木炭灰。在这个建筑物的外围还有一层四面开门的正方形围墙，每边长达 215 米。初步推断，它可能是西汉末年王莽所建的明堂或辟雍的遗址。

[5]~[8] 汉代明器及画像砖

汉代墓葬中常常发现陶制的明器建筑和画像砖，它们在一定程度上提供了研究汉代建筑的某些依据。望都出土的陶制楼阁，说明了当时高层建筑的发展；四川出土的画像砖，提示出各种建筑物的立体形象和当时的结构情况。[②]

[9] 高颐阙

在四川雅安县（今雅安市），建于汉建安十四年（公元 209 年）。它是坟墓前面的大门，由两个完全相同的建筑物并列组成，阙前还有一对巨大的石兽。据我们目前所

[①] 作者自存书在此处有按语："应补充秦砖、水管，汉空心砖，西汉走兽瓦。"
[②] 作者自存书在此处有按语："应补充四川彭山、湖南常德、甘肃张掖等出土明器。"

知，汉代遗留至今的石阙全国共有 23 处 ①，它们都是用石块建造的，并且雕有古朴的浮雕或简单的梁、方、斗栱。高颐阙是其中年代较晚但是最精美的一处，它的刻有直斗的基座、屋檐和檐下的斗栱，都给予我们对汉代建筑布局和结构的较正确的认识。②

[10] [11] 沂南汉墓

1953 年在山东沂南发掘的一处墓葬，约建于东汉末年。全墓用石块筑成，在墓门和墓室内的壁面上刻画着极其精致的图画，可见汉代匠师在石建筑及其雕刻装饰方面的高度成就。在墓内刻画的图画中，有一幅是一所住宅或祠堂的透视图。图中房屋由两个院子组成，左侧两角上各有一个角楼，前面还有双阙和华表，它是说明汉代建筑中四合院平面布局的重要资料。③

[12]～[15] 云冈石窟

在山西大同西 32 里的武州山，北魏兴安至太和年间（公元 452—499 年）陆续开凿，共有 20 多个大石窟和数百个小窟龛。大窟外面的崖壁上多遗留安装木窟檐的痕迹，但只有第 5 至第 8 窟外面还留有清代建筑的窟檐［图版 12］。窟内分有中心柱和无中心柱两种布局。有些中心柱雕成佛塔形状［图版 13、15］，按其所表现的形式，可见佛教特有的塔传播到中国后立即用中国传统的楼阁形式建造成功了。窟内壁面、天花和中心柱上都浮雕着佛像、塔殿以及各种图案。随着佛教传入的装饰花纹——莲花和卷草，也和我国固有的装饰图案很巧妙地结合起来，并予以丰富和发展。④

[16] [17] 嵩岳寺塔

河南登封县（今登封市）嵩岳寺，原是北魏的一处离宫，正光三年（公元 522 年）舍为闲居寺，并建十五重砖塔及堂宇千余间，现在只留下这个塔还是北魏原物。它是

① 迄 2016 年，全国已知汉阙遗存为 37 处。
② 作者自存书在此处有按语："应补充太室阙。"
③ 作者自存书在此处有按语："应补充四川崖墓、徐州画像石。"
④ 作者自存书在此处有按语："应补充昙曜五窟外景，第 9、10 窟外景，新发掘地面等。"

现存最早的一座砖塔，也是唯一的平面作十二角形的塔。塔高约 40 米，第一层特别高，并用挑出的砖分为上下两段。在四个正面，是贯通上下两段的门，门上作尖形券面装饰。下段其他八面都是光素的墙面，没有任何装饰。上段每角作壁柱，柱下作莲瓣形柱础，柱头用火焰宝珠装饰；八个斜面上各砌出一个单层方塔形的壁龛，龛座用壸门、狮子作装饰，龛内空无一物，原来可能是安置有佛像的。第一层以上用十五层密接的屋檐构成，最上以石制覆莲相轮收结。全部外形轮廓以和缓的抛物线组成，十分雅致。塔内是八角形直通到最上层的空筒，原来是否有楼板，现已无从判断。

[18] [19] 萧绩墓

萧绩是梁代（公元 502—557 年）皇室，封南康简王，墓在江苏句容。南朝陵墓在地面上的建筑布局，都是最前面一对石兽，其次一对华表，再次一对墓碑，最后是坟墓。萧绩墓是保存较完整的一处。

[20] 神通寺四门塔

山东历城柳埠，是古代一个重要的佛教中心。这里的神通寺中保存着很多砖石建造的墓塔，四门塔（方 735 厘米 ×740 厘米，高 1447 厘米）是其中最早的一个，它完全以本身极其合度的比例权衡取得极高的艺术效果（塔身上三道铁箍是后代修理所加的）。塔内有四个石雕佛像，其中一个有东魏武定二年（公元 544 年）铭记。

[21]~[23] 麦积山石窟

在甘肃天水东南 45 公里。石窟中最早的铭记是北魏景明三年（公元 502 年）。这处石窟完全开凿在绝壁上，在壁上建有交通栈道［图版 21］。七佛阁［图版 22］是其中最大的一个窟，开凿于北周天和年间（公元 566—572 年），作七间大殿的形式，每间都雕出柱子、额方和帐幕装饰。麦积山石窟内的佛像都是泥塑的，只有第 133 窟中保存着的 20 多座造像碑是石雕的［图版 23］。

[24] 义慈惠石柱

在河北省定兴县西 10 公里的石柱村，是一个墓地的标志，约建于北齐天统三年至武平元年间（公元 567—570 年）。这个石柱的布局在中国建筑史中是一个孤例，它的下面是两层方台和一层莲瓣组成的基座。八角形柱子上部一段为了题刻铭额又做成四边形。柱子上面盖一块长方形石板，再上是雕成三间佛殿形式的柱冠，而那块石板同时就是这三间佛殿的基座。虽然这三间殿只是一个不大的雕刻品，却是当时建筑物的正确缩写，各部分的尺度做法都是按照严格的比例雕成的。

[25] 天龙山第 16 窟窟廊

天龙山石窟在山西太原市，北齐开凿，隋唐两代又有增造。第 16 窟建于北齐皇建元年（公元 560 年），窟前凿成的三间窟廊保存极其完整，是研究南北朝时期建筑艺术最好的实物。

[26] [27] 安济桥（大石桥）

河北赵县南门外安济桥，当地人民又称之为大石桥。隋大业年间（公元 605—618 年）著名匠师李春所建。桥长约 54 米，宽 9.6 米，是由宽约 34 厘米的二十八道单券并列构成，主券两端各负两个小券。主券净跨度 37.37 米，矢高 7.23 米。这种结构的古代石拱桥，在山西、河北两省共保存着七座，这是其中时代最早也是最大的一座。它反映出七世纪时我国工程力学的伟大成就以及砖石工程施工的高度技巧。历史上很多著名文学家都曾作诗文，颂扬这伟大的工程和桥上雕刻精巧的石栏板，但是我们直到 1954 年修理时，才在河床淤泥中重新发现这些栏板。

[28] 龙门奉先寺

北魏迁都洛阳后，即在龙门开凿石窟，到唐代时又在此继续增凿。奉先寺是唐代武后所建，成于上元二年（公元 675 年），是龙门石窟中最大的雕像。在这组雕像外原来建有木构楼阁，但现在只留下崖壁上安装梁方的孔洞了。沿山崖开凿巨大的佛像，并建木构楼阁，是唐代特有的形式之一，如四川乐山大佛、敦煌千佛洞唐代大佛、山西天龙山大佛、陕西邠县（今彬州市）大佛等都是这种形式的佛寺。

[29]~[31] 大雁塔　小雁塔

大雁塔、小雁塔是西安市两处著名的名胜古迹。自唐永徽三年（公元652年）玄奘在慈恩寺建塔，后人即称之为大雁塔。其实这塔在长安四年（公元704年）曾予以改建，明代又在外面包上一层很厚的砖墙，塔的外形已非玄奘所建的原状了。塔七层，高60余米，每层用砖砌成隐起的柱方斗栱，塔内是空筒形，每层安装木楼板。下层四个门楣上有精细的线刻画，其中一幅佛殿的图画，也是研究唐代建筑的重要资料。小雁塔在西安荐福寺，景龙年间（公元707—710年）建，十五层，高40余米。这两个塔平面都是正方形，塔檐用叠涩砌法，是唐代塔的一般手法。不过小雁塔继承的是北魏嵩岳寺塔的外形，并且是唐代塔中最常见的形式。大雁塔每一层都有较高的塔身，而不是紧密相接的多层檐，因此它有另一种外形，这一形式可能是早期木构佛塔的形式。

[32] 唐高宗乾陵

在陕西乾县，唐弘道元年（公元683年）建成。陵四面各有夯土堆二，是原有青龙、白虎、朱雀、玄武四门的遗址。坟南面有献殿遗址，献殿南列石狮一对、番酋像五十三个，其南又有内城门遗址。自内城门遗址至朱雀门遗址共长约五百米，自南至北排列石柱一对、飞马一对、朱雀一对、马五对、石人十对和碑一对。按照记载，汉代陵上有陵寝，但未说有无石人兽，现亦无痕迹可循。但根据汉代武氏墓、高颐墓的情况，是应当有石兽的。南北朝陵墓前有石兽、华表，而无寝殿痕迹。所以唐代陵寝是现存较完整的早期陵寝。

[33]~[36] 敦煌莫高窟

莫高窟又称千佛洞，据记载创建于苻秦建元二年（公元366年），但现存最早的洞窟是北魏时开凿的。在现存四百八十个洞窟中以唐代开凿的最多。莫高窟所在的岩层极易风化崩坍，千余年来由于风化及地震的影响，它的外观早已不是原状。各时期中在崖面每经一次崩坍后，都曾修建木构窟檐和栈道，以保护洞窟和便利交通。现存共有三十三个木窟檐，其中六个是唐末宋初所建，二十四个是清代所建，三个是新近建造的。其中清代建造的第 96 窟窟檐最大，高达九层，里面是唐代所作的高达 33 米的大坐佛。莫高窟的壁画和塑像是世界闻名的艺术，很多唐代壁画中，不仅描画了佛教故事、人民生活，而且也描画了当时的城市、寺庙和住宅。这些壁画对于研究唐代建筑的平面和空间布局，是极其重要的资料。

[37]～[40] 佛光寺大殿

佛光寺在山西五台县豆村，寺内大殿建于唐大中十一年（公元 857 年），是现存最古的木建筑之一。殿建立在一个高台上，七间共宽 36.2 米，檐下用硕大的斗栱，单檐庑殿屋顶，自台面至鸱尾共高 17.7 米。立面各部分比例恰当，十分雄伟稳重。殿内斗栱、梁架、平闇（小方格的天花）都做得很简洁，并且是有韵律的组织，使这些结构部分又具有装饰趣味，是高度的艺术创作。殿内的唐代题字、壁画和三十二个唐代塑像，也都是重要的唐代艺术遗物。

[41] 崇圣寺千寻塔

在云南大理西北崇圣寺内，建于唐代。十七层，高约 60 米，平面正方形，和西安小雁塔做法很相似。在这个塔后面还并立着一对小塔，是五代时建的，平面八角形，高十一层，约 45 米。

[42] 王建墓

在四川成都市西门外，是五代前蜀高祖的陵墓，建成于光天元年（公元 918 年）。墓室用砖券筑成，券上画有彩画。室内正中是一个石砌棺座，由八个半身武士像抬着它，座子的束腰部分雕刻二十四个奏乐及舞蹈人像。座子后面是石雕的王建坐像。

[43] 镇国寺大殿

在山西平遥县郝洞村，北汉天会七年（公元 963 年）建，是五代时期仅存至今的一座木建筑。① 斗栱比例还保持着唐代的风格，但屋顶举折和内部梁架结构已经接近宋代的做法了。

[44] [45] 栖霞寺舍利塔

在南京市栖霞山，五代南唐（公元 937—975 年）时建。是全部用石块建成的五层小塔，站立在一个精美的大石台座上，周围绕以石栏。塔下须弥座的束腰部分浮雕释迦八相图，上下方上雕刻着莲瓣和彩画图案。塔身第一层雕四大天王，以上各层浮雕千佛。全塔可以说是一个精致的雕刻艺术品。它的石台座、须弥座、石栏杆都是当时的标准做法。

[46]～[48] 独乐寺

在河北蓟县（今天津市蓟州区）城内，创建于何时已不可考，辽代重修，现存观音阁和山门建于辽统和二年（公元 984 年）。山门三间，阔 16.63 米，高 10.8 米，单檐庑殿顶。屋顶正脊两端的两个鸱尾，是现存最早的实物。观音阁五间，阔 20.23 米，高二层 22.5 米，歇山屋顶，外观庄重而轻巧，是古代木构楼阁中最出色的创作。它的外观虽是两层，但由于两层间的平坐内是一个暗层，所以实际是三层。每层都用柱、梁、斗栱组成筒状的结构，在一、二层中部留出一个空井，用以安置阁的主人——高达 15 米多的十一面观音像。阁的各部分有精确的比例权衡，结构构件处理得极其简练。结构和装饰的结合，在这里也是极成功的例证。围绕外面平坐和内部空井的栏杆，位于观音头上的藻井和观音脚下的木须弥座，都是很雅致的装饰构件。观音和它的两个侍像，也是辽代雕塑艺术中的杰作。

[49] 开元寺料敌塔

在河北定县（今定州市）城内，北宋咸平四年（公元 1001 年）开始建造，至和二年（公元 1055 年）完成。定县是辽宋边境的军事重镇，宋建此塔登高料敌，故称为料

---

① 作者撰写此文时，尚未有福州华林寺（公元 964 年）等新发现。

敌塔。塔八角十一层，高 80 余米，全部用砖筑成。内部用发券、叠涩等做法，筑成楼梯、走道及塔心室。这种做法显然是砖塔结构上的改进，把早期砖砌空筒和木楼板结合的方法，改为全部砖构；把砖砌叠涩檐改造成既是下层的屋檐、同时又是上层的平坐走道。它是砖塔结构的重要发展，为此后北方砖塔最普遍的结构方法。①

[50] 奉国寺大殿

在辽宁义县，辽开泰九年（公元 1020 年）建。殿九间阔 48 米，高 21 米，单檐庑殿顶。正面用版门直棂窗，外观简朴雄伟。殿内斗栱上保存着"五彩遍装"彩画，梁方上多画"飞天"，殿内并有辽代的壁画和塑像。②

[51] 陀罗尼经幢

在河北赵县城内，北宋景祐五年（公元 1038 年）建，高约 16 米。经幢是佛教特有的建筑物，多用石块筑成，上面雕刻佛像、佛教故事、经文及其他装饰花纹。一般经幢不大，高度均在 10 米以下。这是一个特别大的八角形经幢，它竖立在三层雕刻佛像及故事的须弥座上，幢身分六层，每层雕刻经文或佛教故事。各层间是伸出幢身外的伞盖形盘座，上面也雕刻佛教故事或图案装饰，最上用火焰宝珠收结。经幢是纪念性建筑的特有创作，是建筑和雕刻相结合的范例。

[52] [53] 祐国寺铁塔

河南开封祐国寺铁塔，宋庆历元年（公元 1041 年）建。八角十三层，高 57.34 米，全部砖建，用铁色琉璃作面砖，因此称为铁塔。每层均用特制的琉璃定型小块做出斗栱、平坐和其他装饰。

---

① 作者自存书在此处有按语："加料敌塔雕砖，加虎丘塔、六和塔、龙华塔。"
② 作者自存书在此处有按语："加内景，加开善寺。"

[54] [55] 佛宫寺释迦塔

应县是山西的一个小县，但在辽代这里是一个重要城市，当时佛宫寺建造规模很大，现在只留下了这个塔和后代所建的一个小佛殿。塔建于辽清宁二年（公元 1056 年），是我国现存唯一的古代木塔，八角五层，高 66.6 米，由于每层下的平坐是一个暗层，所以实际上是九层。第一层外面因有副阶（走廊），故为重檐。塔顶屋面中央砌砖台，台上承铁质塔刹。塔身全部用木材构成，按各层高度及结构的需要，共采用六十多种斗栱，全部结构充分显示出木结构的优越性能。[①]

[56] 下华严寺薄伽教藏殿内天宫壁藏

山西大同市下华严寺薄伽教藏殿，建于辽重熙七年（公元 1038 年），在现存辽代建筑中，这是一个较小的殿，但是十分精致。殿内保存着辽代的彩画、塑像和天宫壁藏。天宫壁藏是按照建筑物的形象做成的小型楼阁，下层是橱柜，上层是佛龛。它沿着殿内的壁面，转至殿后当中的窗两侧为止，然后再用圜桥和悬空在窗上的天宫连接起来。它的斗栱、屋檐、栏杆等都按照建筑物的规定比例做成，是精确的模型，也是出色的工艺美术品。[②]

[57] 云居寺塔

河北涿县（今涿州市）城内云居寺塔，建于辽大安八年（公元 1092 年）。八角六层，每层有平坐屋檐，并用砖砌成斗栱、门窗，第一层下的基座特别高，是辽代砖建楼阁式塔的标准形式。

[58] [59] 清明上河图

北宋末年画家张择端所绘，描写当时首都汴梁在清明节时交游情况，同时也充分

---

① 作者自存书在此处有按语："加内景。"
② 作者自存书在此处有按语："加全景，加善化寺全景、大殿外景、西楼。"

提示出当时城市建筑的面貌。其中所绘虹桥，是木构桥梁的一种特殊结构，历史上也曾有过记载，虽然现在没有保存下来的实物，但图中所表现的结构方法是完全可能的。另一段中所绘的城楼，表示出宋代城楼的立面布局和明清城楼不同，它是在城墙上再建造砖台和木平坐，然后把城楼建造在木平坐上。这种形式也曾见于敦煌莫高窟唐代壁画中，可见是古代习用的形式。

[60] [61] [71] 晋祠

晋祠是山西太原市著名的风景区，现存寺庙很多，而以圣母殿全景和殿前的飞梁、献殿、金人台等一组建筑为主。圣母殿是重檐歇山顶周围廊的大殿，建于北宋天圣年间（公元 1023—1032 年），外观极其秀丽轻巧，是北宋建筑的代表作品。殿内四十三个塑像，也是宋代塑像中最精美的作品。飞梁是建筑在殿前水池上的十字形小桥，它的柱梁构架，大部分保持着宋代做法，栏杆是新修理时改做的。殿前中轴线上有水池飞梁的布局，常见于敦煌莫高窟壁画中，是现存最早的一处例证。飞梁前的献殿是一个空敞的凉亭般的建筑，根据记载，它建于金大定八年（公元 1168 年），但是它的斗栱做法和圣母殿有很多共同点，可能金代修理时参考了大殿的做法。①

[62] [85] [86] 藻井

在建筑物内部天花板上做成向上隆起的空间叫作藻井，是中国建筑内部的主要装饰之一，多用斗栱和木雕品组成，一般是八角形平面。河北易县开元寺毗卢殿②，辽乾统五年（公元 1105 年）建；北京智化寺如来殿，明正统九年（公元 1444 年）建；北京隆福寺大殿，明景泰四年（公元 1453 年）建。它们内部的藻井都是极精美的代表作品。如果我们再参照图版 106 清代建造的天坛祈年殿藻井和图版 115 普乐寺旭光阁藻井，

---

① 作者自存书在此处有按语："加详部、廊内景，加泉州开元寺、慈溪保国寺、泰宁甘露寺、广州光孝寺，加朔县崇福寺。"
② 易县开元寺内观音殿、毗卢殿和药师殿均为辽代建筑，今已无存，而毁于何时则至今说法不一。

就可以清楚地看出从辽到清各时代藻井的不同风格。[①]

[63] 天宁寺塔

在北京广安门外，约建于辽代后期（公元十二世纪初），八角形，高 57.8 米，是全部用砖砌成的实心塔。塔下部是一个复杂的基座，由方台、双重束腰的须弥座、平坐及莲座组成。塔身四面作菱花门，四面作直棂窗，并有天王、金刚、飞天、菩萨等浮雕。塔身以上是十三层带有斗栱的密檐，塔顶作仰莲宝珠。这种带有斗栱的密檐实心塔，是辽代砖塔中最常见的形式之一。[②]

[64] 灵隐寺双石塔

在浙江杭州市，建于南宋初，是八角九层的小塔，全部用石块筑成，每层都雕出斗栱、平坐和出檐。

[65] 报恩寺塔

在江苏苏州市城内，俗称北寺塔，宋绍兴年间（公元 1131—1162 年）建。塔用砖筑成柱状塔心和筒状外壁，每层在塔心和外壁间铺设木楼板，塔心并筑出方室，各层柱、方、斗栱亦用砖砌成，塔顶用铁制相轮宝珠。这是宋代南方砖石塔最常见的做法。此塔外廊经后代重修时改建，已非原状。

[66] 泉州双石塔

福建泉州城内开元寺保存着两个石塔，两塔相距约 200 米。西塔名仁寿塔，高 44 米；东塔名镇国塔，高 48 米。分别于宋嘉熙元年、二年（公元 1237 年、1238 年）完成。两塔形式大致相同，均为八角五层，每层门窗互易位置，内部采用可移动的木楼梯。

[①] 作者自存书在此处有按语：“图版 86 加万佛阁外景，加丽江大定阁内外景。”
[②] 作者自存书在此处有按语：“加辽阳凤凰山大塔、辽阳白塔、蓟县白塔、房山辽塔。”

[67] [68] 水殿招凉图　焚香祝圣图

宋代（约十二世纪）名画家李嵩所绘，表现出宋代宫殿建筑的情况。根据记载，李嵩本来是一个木工匠师，后来改习绘画，因此他以画建筑物著名，据说他所画的建筑物是按照一定比例尺绘成的。从这两幅画看来，确实具有很高的正确性，也可推想当时建筑设计图样所具有的高度水平。

[69] [70] 上华严寺大雄宝殿

在山西大同市城内，金天眷三年（公元 1140 年）建。面阔九间 54 米，单檐庑殿顶，建筑在一个高达 3 米多的砖台上，立面除明间和两个再次间设有版门外，外围均用土坯筑成厚墙，外观庄严雄壮。它是辽金时期保存至今的最大的大殿。

[72] 广惠寺华塔

在河北正定县城内，金代（十二世纪）所建。这个塔的平面、立面都较特殊，是现存最独特的一个塔。它的基座已经损毁。第一层八角形，四正面辟门，四斜面原来各附有扁六角形的单檐塔，但现在已毁坏；第二层八角形，四正面辟门，四斜面作假窗，平坐屋檐都是用砖砌斗栱；第三层骤然缩小，做法和第二层一样；第三层以上是一段圆锥体，上面砌成凸起的狮、象和小方塔；最上一层是一个尖锥形的屋顶。①

[73] [74] 永乐宫②

在山西永济县（今芮城县）永乐镇，元太宗后乃马真听政四年至中统三年间（公元 1245—1262 年）建。现存山门、龙虎殿、三清殿、纯阳殿、七真殿五座建筑，最后原有丘祖殿早已毁坏。这是元代建筑中保存最完整的一处，也是现存最早的道教寺庙，殿内斗栱彩画、藻井等制作精美。原来各殿中都有壁画，但现在只有三清殿、纯阳殿

---

① 作者自存书在此处有按语："加广州铁塔、光塔、济宁铁塔、丰润铁塔、敦煌华塔、慈氏塔。"
② 因修建三门峡水库，此建筑群于 1959 年后整体搬迁至芮城县城北 3 千米的龙泉村东侧。

壁画保存较完整。七真殿壁画多经后代修补重绘。纯阳殿壁画完成于至正十八年（公元 1358 年），绘吕洞宾故事，也描写了很多建筑形象。①

[75] [89] 喇嘛塔

妙应寺白塔，在北京城内，元至元八年（公元 1271 年）建，相传是尼泊尔匠师阿尼哥所设计。高约 63 米。最下是一个大方台，台四周有矮墙，四角建小殿，台中央建方形折角须弥座两层、覆莲一层，上为略呈球形的塔身。以上又建一个小须弥座，座上承十三天（即相轮），最上是个伞盖和葫芦形塔顶。这种形式的塔是喇嘛教所特有的，创始于西藏，由于元代皇室信奉喇嘛教，才开始出现于华北一带。山西五台县台怀镇大塔院寺大塔，建于明万历七年（公元 1579 年），北京北海琼岛永安寺白塔[图版118]，重建于清雍正年间（公元 1723—1735 年），都是同一类型的塔，仅由于时代不同，呈现出不同的比例权衡，早期的肥硕厚重，晚期的清秀。②

[76] 观星台

河南登封告成镇是古代的阳城县，根据历史记载，这里长期是我国天文测量的中心。此台建于元代（约十三世纪末），高 10.49 米，东西广 16.88 米，南北长 16.7 米。两面作对称的踏道，自台北转向东西再转至南面而达台面。台面广 8.16 米，长 7.82 米。台北壁有一道垂直的凹槽，是悬铜表的位置。槽下是一道宽 0.53 米、长 30.71 米的石圭，上面刻有水槽。当时是根据铜表投射到石圭上的阴影测定冬夏二至的。现今铜表早已失去，台面上又经后代修建了三间小屋。

[77] 广胜寺明应王殿

山西赵城县（今洪洞县赵城镇）广胜寺是古代著名佛寺，著名的宋代《碛砂经》原来即收藏在这寺中。现在寺内建筑中有四座是元代所建，明应王殿是其中最精致的

---

① 作者自存书在此处有按语："加各殿外景、三清殿内景。"
② 作者自存书在此处有按语："加热河诸塔。"

一个。它是面阔三间、周围廊重檐歇山顶的小殿，立面除当中一间装版门外，全系土墼墙，殿内壁面满绘壁画。据壁画上泰定二年（公元 1325 年）题记，可证至迟亦在泰定二年完成，但现存下檐部分，显然经过后代修改。

[78] [79] 居庸关云台

距北京西北面 40 余公里处有明代长城的一个重要关口——居庸关，云台即建筑在关城中央。它是元代泰安寺中的遗物，台上原来还有一座殿宇，不知毁于何时，现在只存有柱础。这个台子的外形非常秀丽，青石筑成的台身，顶上用白色大理石栏杆环绕着。台中间五边形门洞，也是用白色大理石镶面的。它在碧空苍山的衬托下，极其优雅醒目，通过门洞所看到的山景更是引人入胜。门洞的外缘满雕图案花纹，洞壁、洞顶是元至正五年（公元 1345 年）雕刻的四大天王和梵、汉、藏、蒙古、维吾尔和西夏六种文字的陀罗尼经咒。

[80] 灵谷寺无梁殿

在南京东郊钟山山麓，明洪武年间（公元 1368—1398 年）建。面阔五间 53.8 米，高 26 米，重檐歇山顶，全部用砖砌成。外观模仿木结构形式，内部由三个横向砖券构成，最大一券净跨 11.25 米，净高 14 米。这种全部用砖券建成的大殿盛行于明代，如著名的五台山显通寺无梁殿、太原永祚寺无梁殿、苏州开元寺无梁殿、句容隆昌寺无梁殿等，都是明代所建。①

[81]～[84] 明长陵

明代诸帝陵除洪武葬于南京孝陵外，自永乐至崇祯十三帝都葬在昌平县（现属北京）天寿山，故称为十三陵，而以永乐的长陵为布局中心。陵前是一条 7 公里长的陵道，自石牌坊开始，经过三孔石桥、大红门、碑亭、华表、石兽、石人、龙凤门、五孔石桥、七孔石桥到长陵陵门。通往其他各陵的陵道，都从这条道上分歧。这一系列

---

① 作者自存书在此处有按语："加两个万历时的实例。"

的建筑物，大部分完成于永乐年间（公元 1403—1424 年）。石人、石兽在碑亭之北，共十八对，每隔约 44 米一对，完成于宣德十年（公元 1435 年），石牌坊完成于嘉靖十九年（公元 1540 年）。

石牌坊全部用白色大理石建成，上盖蓝色琉璃瓦，在苍绿色山林背景衬托之下，即使在数公里以外，也不难找到这个目标。牌坊是中国建筑中具有纪念性、装饰性的建筑小品，这类建筑开始于何时，现尚不能确定，但明十三陵石牌坊却是现存时代最早的牌坊。

长陵自陵门以北有祾恩门、碑亭、祾恩殿、内红门、牌坊门、五供桌及方城明楼等建筑物。其外围有总长约 1 公里的围墙围绕着。

祾恩殿面阔九间 66.75 米，深 29.31 米，重檐庑殿顶，白色大理石基座栏杆，黄琉璃瓦，它的体积较故宫太和殿略大一点。殿全部用贵重的楠木建成，全部构件制造得极精细准确，殿内柱子直径都在 1 米左右，以当中四根柱子最大，直径为 1.17 米，高达 23 米。它是我国木构建筑中的瑰宝。

坟墓是用夯土筑成的，下部用高约 6 米的砖城墙包围着，所以又称为宝城。自城以上用夯土筑成半球形，称为宝顶，它的顶点高出城墙顶约 8 米。在城墙的前方建成凸出的城台，台上建重檐楼阁，以竖立墓碑，这就是方城明楼。方城下是一条通往上面的隧道，由此可登至宝城、明楼和宝顶。[1]

[87]　[111] 金刚宝座塔

在高大的台座上建立五个小塔和一座小佛殿，称为金刚宝座塔。北京的大正觉寺塔，建于明成化九年（公元 1473 年）。上面五个小塔均为方形，还带有唐代以来密檐塔的风格，全部用石建成。西黄寺班禅喇嘛塔，建于清乾隆四十四年（公元 1779 年），主塔完全是西藏风格，全部用石建成。[2]

---

① 作者自存书在此处有按语："图版 83、84 换新照。"
② 作者自存书在此处有按语："加详部，加呼和浩特五塔、昆明官渡五塔、香山碧云寺塔、西黄寺塔。"

[88] 孔庙奎文阁

山东曲阜县（今曲阜市）孔庙，创始于东汉永兴元年（公元 153 年），自此以后历代都有修建扩充。现存规模是明代弘治年间（公元 1488—1505 年）建成的。全庙南北长 630 余米，东西宽 150 米，保存有金、元、明、清各代建筑大小一百余座。

奎文阁是孔庙中轴线上南端第一座主要建筑物，它的高度仅次于大成殿。面阔七间 30.10 米，高二层约 25 米。上层重檐歇山顶，明弘治十七年（公元 1504 年）创建，清重修。

[90] 太庙

北京故宫中轴线上，天安门到午门之间，两侧各有一组建筑，西面是社稷坛，东面是太庙。太庙是封建皇帝祭祀祖先的神庙。大门在端门内的东侧，和社稷坛的大门相对称。庙外围有三重围墙。第一重南北长 500 米，东西宽 330 米。第二重南北长 260 米，东西宽 240 米。两重围墙之间种植成排的柏树，它们的树龄都在五百年以上。第二重围墙的南北两面是砖拱建成的门，南门内有东西库房、井亭和七座小石桥，由此进入第三重围墙的南门——戟门。门内中轴线上为前殿、中殿、后殿，东西两侧各有三座配殿，是一座标准的中轴线布局建筑。太庙是明万历年间（公元 1573—1620 年）重建，清代曾有些小修改。现在这处环境优雅的古建筑已很好地加以利用，作为劳动人民文化宫。

[91] 长城

远在战国时期，各国就在自己的边境上建造长城，以为防卫之用。秦代统一中国后，为防御匈奴，把各国北面的长城连接扩增，西起临洮，东至辽东碣石，号称万里。当时强迫动员了三十万人民来从事这项艰巨的工作，流传着很多反对秦始皇暴政的可歌可泣的故事。自秦代以后，各朝代都曾修建长城，有时是增补，有时是改线。现有长城大都是明代所建。

北京近郊属于延庆的一段长城——八达岭，是著名的游览区，欣赏长城最好的地点。这里能最清楚地看到长城随着地形起伏蜿蜒，好像永无止境，体现出祖国山河的壮观和劳动人民伟大的力量。现有长城自甘肃酒泉嘉峪关开始至河北秦皇岛市山海关为止，共四千余公里，每隔数十米便设有一座烽火台，沿线重要关口均设有关城，如居庸关便是其中之一。

[92] ~ [94] 前门

明代永乐初年开始，把元大都城北面缩进 2500 米，南面向南扩展约 500 米，至永乐十九年（公元 1421 年）完成，周围 22.5 公里，城墙高约 12 米，这就是现在北京内城城墙。嘉靖三十二年（公元 1553 年），增筑外城，三面长 14 公里，这就是现在北京的外城城墙。内城有九门，每门均有城楼和箭楼，城的转角处建有角楼。前门是内城南面正中的门，城楼、箭楼都是清代重建的。箭楼又经过民国初年的改建。城楼九间，阔 40 米，两层，歇山顶，高约 36 米。箭楼七间，阔约 37 米，四层，歇山顶，高约 36 米。其他各城门城楼、箭楼，布置大体相似，仅尺度略有出入。

[95] ~ [103] 故宫

北京内城中还有两重城墙，第一重是皇城，略成正方形而缺西南一角，四面各有一门，即天安门、东安门、西安门和地安门。皇城南面还向南凸出一块长 500 余米、宽约 100 ~ 300 米的 T 形广场，这就是天安门广场，是现今人民集会的场所、重大节日时劳动人民接受国家领导人检阅的地方。天安门是清顺治八年（公元 1651 年）重建，它建筑在一个辟有五个门洞的高台上，是面阔九间、重檐歇山顶的建筑，连台座高约 34 米。门前有七座白色大理石拱桥、石狮和华表，现在并在前面增建了节日的观礼台，使它更加庄严伟大。

在天安门北面 200 余米处的端门，建于康熙六年（公元 1667 年），是和天安门完全一样的建筑。从端门再向北 300 余米，就是紫禁城的南门——午门。紫禁城南北长 960 米，东西宽 750 米，也是四面各一门，即午门、东华门、西华门和神武门，四角又各建一角楼，这个城内就是现今所称的故宫范围。紫禁城的做法和北京内城一样而更加精细些，城外亦有护城河，称为御河。午门是顺治四年（公元 1647 年）重建，台座成冂形，由一座正楼、四个角楼和东西两雁翅楼组成，是布局最复杂和最庄严的门。

午门以北的中轴线上，南北 600 米、东西 230 米的范围内，是故宫中心建筑三大殿的范围。在中轴线上的是金水桥、太和门、太和殿、中和殿及保和殿。三大殿建筑在一个平面工形的、高达三层的基座上，基座用白色大理石建成，每层都用石栏杆环绕。三大殿以太和殿最大，面阔十一间，约 63 米，重檐庑殿顶，高约 33 米。在三大殿的周围四角上建有崇楼，太和殿前东西两侧有体仁阁、弘义阁。并且用朝房和一些较小的门，把崇楼和两阁连接起来，四面环绕着三大殿。

故宫现存全部规模布局，基本上是明代初年的，但现在的建筑物绝大多数是清代重建的。①

[104]~[108] 天坛

在北京外城永定门内偏东，明代创建，是封建统治者祭天祈求谷物丰收的神庙，乾隆十六年（公元 1751 年）重建，其后祈年殿被雷火烧毁，于光绪二十二年（公元 1896 年）重建。天坛有坛墙两重：第一重南北 1600 米，东西 1700 米；第二重南北 1200 米，东西 1100 米；北面两角作圆弧形。原来坛内除了建筑物所在范围另用围墙环绕外，满植柏树。现在仍然保存着柏树，虽然远不及原来的数量，但仍是城市中一个可观的小森林。建筑物可分两组：其一是以祈年殿、皇穹宇、圜丘坛三个主要建筑及其附属建筑组成，它们建立在略偏东的南北中轴线上，是祭神的主要神庙部分；另一组是位于第二重墙西门内偏南的斋宫，是皇帝祭祀之前住宿斋戒的地方。

祈年殿建筑在一个直径约 90 米、高 6 米的基座上，基座分三层，每层都用石栏杆围绕。殿身平面正圆形，直径约 25 米，上盖三层蓝色琉璃瓦屋顶，从基座面至顶高约 32 米。

皇穹宇在祈年殿之南，是用正圆形围墙包围着的一组建筑。围墙直径约 63 米，墙内以一个圆形单檐小殿为主，殿前左右各有五间配殿，围墙南面有三间琉璃门。这个

---

① 作者自存书在此处有按语："加大高玄殿大门（琉璃）、皇极殿大门（琉璃），太庙琉璃等，畅音阁。"

围墙具有传声作用，面对围墙发出极低的声音，可以在它相对的一面听得很清楚，这是圆形围墙的必然结果。

圜丘坛是直径约 55 米的白色大理石台，共分三层，每层有石栏环绕，最上一层直径约 26 米。坛外有两层矮墙：内层圆形，直径约 104 米；外层正方形，每边约 168 米。矮墙每面各建櫺星门一座。①

[109] [110] 雍和宫

在北京安定门内，建于清雍正年间（公元 1723—1735 年），是北京城内最大的喇嘛寺庙。庙门前有广场和三个牌坊，山门以内有天王殿、雍和宫、永佑殿、法轮殿、万佛阁和绥成殿等主要建筑。万佛阁是其中最高大的建筑，阁内是一个高达 20 米的旃檀佛像。②

[112]~[116] 承德外八庙

河北承德市是清代帝王避暑的地方，在这里建有避暑山庄（离宫）。还在避暑山庄东北、狮子沟以北的丘陵地带建立了十一处寺庙，即康熙五十二年（公元 1713 年）建的溥仁寺，乾隆二十年（公元 1755 年）建的溥善寺、普宁寺，乾隆二十五年（公元 1760 年）建的普佑寺，乾隆二十九年（公元 1764 年）建的安远庙，乾隆三十一年（公元 1766 年）建的普乐寺，乾隆三十二年（公元 1767 年）建的普陀宗乘之庙，乾隆三十七年（公元 1772 年）建的广安寺，乾隆三十九年（公元 1774 年）建的殊像寺、罗汉堂和乾隆四十五年（公元 1780 年）建的须弥福寿庙。但现在只保存了八处，溥善寺、广安寺和罗汉堂早已毁坏了。这些寺庙都建筑在山坡上，背山面水，每一寺庙的设计都充分利用了原有地形，是建筑和地形环境密切结合的良好范例。

这些寺庙中，安远庙是仿照新疆伊犁固尔札庙所建；溥仁、溥善和殊像寺是汉族形式，但多少带有西藏建筑的风趣；普陀宗乘之庙、须弥福寿庙、普宁寺和普乐寺则完

---

① 作者自存书在此处有按语："加一张。"
② 作者自存书在此处有按语："加帝王庙牌坊、外八庙琉璃牌坊。"

全采用西藏形式。这些综合各民族形式的新创造，在我国建筑史上具有重要的意义。

[117] 飞云楼

在山西万泉县（今万荣县），清乾隆十一年（公元1746年）建。楼高三层，第一层平面正方形，每边宽14米，第二层和第三层每面各加出一抱厦，成为十字平面，抱厦上均覆歇山屋顶，最上一层又另加一个四面歇山的大屋顶。它的外形轮廓保存着较多的唐宋时期风格，结构则完全是清代山西民间的手法。

[118]~[121] 三海

三海在北京紫禁城西面皇城以内。辽代时这里是统治者的花园，以后历代都予以增改扩充。它是由湖面和一些小岛组成的，按照湖面两个最狭窄的部分划分为南海、中海和北海。现在中南海是我国全国的政治中心，北海则是北京城内最大的公园。

北海以金鳌玉蝀桥和中海分界。桥东是一个平面略呈圆形的"团城"，这是一组建筑在一个高台上的美丽的建筑。台高约5米，外形好像城墙，所以称为团城。台面面积约4500平方米，以一个平面十字形的承光殿为中心，在东西北三面排列着配殿和廊屋，北面东西两角布置着山石和亭子，庭院中参天古柏和建筑物相映成趣，是一个十分优雅的环境。在台上还可以欣赏北海和中海的景色。

北海总面积约0.6平方公里，水面约占三分之一，以由人工堆筑的琼岛为中心。岛南麓建有永安寺，高峰上的白塔是永安寺最北的建筑物，塔顶距离地平约67米。岛北沿水面的漪澜堂，是一条随地形起伏的长廊和楼阁相结合的建筑，它巧妙地把水面建筑和山峰连接成一个整体。漪澜堂对岸水面上建筑了五个亭子——五龙亭，是北海北岸的重要景色。北海范围内还有镜清斋、濠濮间、阐福寺、小西天、九龙壁等重要风景建筑。

[122]~[130] 颐和园

北京西郊的清颐和园是现存古代最大的庭园，也是现今人民所最热爱的公园。在金代明昌至泰和年间（公元1190—1208年）这里就建筑了行宫，明弘治七年（公元

1494 年）改建为圆静寺，正德时（公元 1506—1521 年）改为好山园，清代康熙四十一年（公元 1702 年）改为瓮山行宫，乾隆十五年（公元 1750 年）改为万寿山，不久又改名清漪园，咸丰十年（公元 1860 年）被英法联军所毁，光绪十四年（公元 1888 年）修复，二十六年（公元 1900 年）又被八国联军所毁，至二十九年（公元 1903 年）再次修复。

颐和园占地面积约 3.4 平方公里，水面占四分之三，是利用瓮山（万寿山）和疏浚扩大原有的湖面组成。湖面布局以岛屿和长堤为主。最大岛屿是湖南部的龙王庙，它以十七孔桥与东岸相接，成为湖面布局的中心。湖西部筑有一道断续的以各种形状的小桥连接的土堤，把湖面分割成两大部分，成为湖西部风景的主要组成部分。

园东的行宫，是平坦地面上的主要建筑群，园的正门就在建筑的东面。这是当时皇帝听政和生活的地方，以仁寿殿为主要建筑。这组建筑的西端开始便是长廊，它沿着湖北岸和瓮山南麓延伸，长达 700 米。长廊是从宫殿到风景中心的过渡，也是风景的重要构成部分。长廊中部连接万寿山最重要的建筑中心——排云殿大门。排云殿这一组建筑在山南麓，南临湖面，远眺龙王庙，各个建筑物随山势逐渐升高，在最后面建筑了全园最高的建筑物——佛香阁，成为园内山区建筑布局的中心。

如同其他大庭园一样，颐和园中还有布置在各风景区中的建筑物和一些自成一个单位的小庭园。这种小庭园既是整个园的一部分，而又各自成为独立的小园，各有自己的特点，如谐趣园便是其中之一。这个园中的园以水面和环绕它的殿廊相配合，造成极为优雅玲珑的环境，是园中最动人的地方。

颐和园中有些地方是模仿江南庭园的，如分割湖面的长堤，是模仿杭州西湖的苏堤和白堤；谐趣园是模仿江苏无锡的古园；在长廊的梁上，还画着数百幅西湖风景画，可见当时对江南庭园的赞赏。

[131] 龙亭

河南开封城内的龙亭，是建筑在高台上的重檐歇山大殿，亭前为潘湖、杨湖。龙亭为开封城内著名古建筑及风景区，相传是宋代皇宫内庭园的遗迹。

[132]～[140] 庭园

江苏苏州及其周围一带的扬州、无锡等地，均以庭园著称。这些地区的造园艺术有悠久的历史，并且成为当地人民的爱好，所以即便是一个小小的住宅，也常常要点缀些花木山石，精心布置。江南筑园的风气起自五代（公元十世纪初），一方面是由于经济较富足，另一方面是自然条件的优越。庭园中主要的水和山石在江南是最易取得的，尤其在太湖沿岸，只要布置得宜，利用原有地形，因低开池，因高筑山，引水叠石并非难事。北方庭园正与此相反，除了像北海、颐和园等由当时皇室所建的庭园外，私人庭园很少能取得水源，所以总不及江南庭园美好。此处仅介绍苏州的几处庭园，以见江南庭园的一斑。

拙政园建于明嘉靖年间（公元 1522—1566 年），为苏州四大名园之一，布局以水面为主，分布各处的建筑物都以与水面及其周围风景的结合为准则，而以游廊、小桥等为串联全园风景建筑的脉络。

网师园建于清康熙年间（公元 1662—1722 年），它的面积不大，但以布局细致曲折著称。沧浪亭是一个以山和建筑为主的庭园，它自己没有水面，但聪明的匠师利用了正在它门外的水池，使园外的景色补足了园内的缺陷。

木渎羡园是小型庭园中最精致的范例，园中如小桥、门窗等每一个小部分，都精心地创作，可惜这个园在抗日战争期间已被毁掉。

庭园艺术不仅注意整体布局、平面和空间的组合，同时每一细部设计都是各具匠心的，栏杆、窗格、漏窗、花墙、地面莫不各有其独到之处，随时随地与景色相协调，并且都是充分利用材料的特点，创作出美好的造型，在节省的前提下，达到很高的艺术水平。

[141]～[148] 住宅

中国住宅一般都采用四合院平面布局。也有些冂形、H 形的布局，但是它空缺的一面，仍然用围墙封闭。在农村中也常常有 ㄷ 形平面布局和不用围墙的住宅，但是为数较少。大住宅常常是若干个四合院的重复组合，有时住宅后面或旁边附有庭园。

住宅一般都用木框架结构，墙和屋顶则以地理条件的差异采取不同的做法。在北方多用厚砖墙或土坯墙，屋面是用很厚的苫背胶结成的瓦面。

图中所介绍的湖南、四川一带的住宅，多用竹编墙或抹灰作外墙。这种墙面很经济，适合于当地的气候。它本身很薄，只是填充在框架间，致使整个结构骨架很清楚地显露在外面。它的屋面不用苫背，只是把瓦放在椽子上。挑梁是木结构常用的方法，图中所示湖南新宁住宅的楼层，全部用挑梁挑出一些，使楼层面积大于底层，这也是很经济的结构方法，为南方楼房所常采用。

云南农村中的住宅，多用土坯筑成厚墙，有时厚达1米以上。但是由于轻巧的屋面和楼口小窗的点缀，它们的外形轮廓往往是极秀丽的。还有一些兼做商店的住宅，它的正立面完全用活动装修安装在柱子间，可以随时取下，成为营业的店面柜台。

曲阜孔府院子内景，是大型住宅院子的代表形式。用砖铺砌地面，而留出一定范围种植花木，院子周围的房屋都带有走廊或抱厦。在这里可以看到，使生活丰富美化，使人经常和自然接触，是我国建造住宅的最高标准。

[149] 新宁桥

新宁桥是用圆木纵横交错叠垒的方法建成的。每层圆木逐渐向外挑出，以增加桥墩上部面积和减小木梁跨度。桥墩用石建成，桥上并有廊屋。这种桥在西南地区很多，有时桥墩也是用圆木垒成的。这是一种古老的结构方法的遗留。

[150] 竹索桥

四川灌县（今都江堰市）西门外岷江上的珠浦桥，是用竹缆建成的，所以俗称竹索桥。桥全长300余米，共用二十条竹缆，桥面十条，两侧栏杆各五条，每缆直径10～12厘米，桥面铺木板。两岸各有小楼一座，安装绞柱，固定并控制缆索。江中设有墩楼一座、木架七座，把桥分为九孔，但木架只是作为缆索的滑动支点，并不是把缆索固定在支架上。缆索每年更换一次。[1]

---

[1] 作者自存书在此处有按语："加木里藏族自治县木桥。"

[151]~[157] 伊斯兰教建筑

我国信仰伊斯兰教的人民有回、维吾尔、哈萨克、乌孜别克、塔吉克、塔塔尔、柯尔克孜、东乡、撒拉、保安等民族，分布在各省市中，而以新疆和西北各省较为集中。伊斯兰教寺庙——清真寺，有些完全采用固有形式，和世界上其他伊斯兰教寺庙同属一个系统；但大部分采用了中国木构形式，仅由于宗教上的要求及民族爱好，它们的布局和装饰仍有自己的特点。例如 T 形或工字形平面的礼拜殿，立在高塔上的亭子似的邦克楼、特有的尖拱形装饰等等，都可说明各族同胞对自己祖国传统建筑的爱好以及与本民族的宗教特点相结合的高度成就。

[158]~[167] 藏族建筑

藏族居住在世界上最高的高原，这里高山很多，平地较少，因此和其他地区不同，建筑多采用砖、石、土块和木材的混合结构，并且多楼房。著名的布达拉宫高达十五层，巍伟的规模，依着山势而隆起。其他如大昭寺、日喀则地方政府（即桑珠孜宗堡，曾移用作日喀则地方政府）、扎什伦布寺、江孜班根曲得寺（今通称白居寺）等，也都具有相同的特点。

拉萨大昭寺，按照记载建于藏王松赞干布时，相当于唐贞观十五年至永徽元年间（公元 641—650 年），这是世界上保存最完整的古老建筑之一。

由于西藏雨量稀少，一般房屋多用平顶，只有宫殿寺庙等尊严的建筑物，才在平顶上再加建木构殿堂。高层建筑的墙壁，按照中国的传统做法，不是垂直砌筑起来，而是有一点倾斜角度，使得建筑物的轮廓更加安定。平顶建筑的压檐墙使用双层线脚，并做成较深的颜色。在大片平板的墙面上，为了避免墙面的单调和使门窗突出，还在门窗孔洞上做成小屋檐，在门上或更加毡布等做的垂幕，有时也把窗周围做成深色边框，使整个建筑显得生动而不呆板。

[168]~[172] 蒙古族建筑

蒙古族人民居住在广阔的草原上，游牧生活使得他们创造了可以拆卸、便于携带迁移的房屋——蒙古包。这是用活动骨架支撑成圆形的帐篷，在骨架外面，用织有精巧图案的毛毡包裹起来。在十三世纪时蒙古族人民有了很大的发展，开始建造固定的建筑。同时由于他们信仰喇嘛教，所以在创造自己的建筑时，曾吸取了一些西藏建筑的手法。但是由于所处地区的气候环境与西藏不同，而成为另一种风格。

[173] 程阳桥

广西三江县的侗族同胞所建，它说明了侗族同胞在建筑艺术方面的高度天才。这个一般只为解决交通问题的桥梁，由于比例适度，轮廓优美，虽然具有多重屋檐，但是并没有一点沉重之感，反而分外轻巧绮丽。由于广西地区多雨，桥上的廊屋当然是为实际需要而建造的，但是它那重重叠叠的屋檐，显然又是适应观赏要求的结果。

[174] 大金寺

云南芒市的大金寺是傣族人民创造的佛寺。寺中两个塔的布局另具一种风格，它的相轮占去了高度的很大部分，并且逐渐收缩成一个尖针形，使整个塔形成一个细长的圆锥体，从而使整组建筑也产生了特有的风趣。傣族人民居住的地方多靠近缅甸，这些塔的形式也吸取了一些缅甸手法，因此当地人民也称这样的寺庙为缅寺。

[175] 三排林

三排林是广东连南瑶族自治县的一个村落，全部建造在一个山坡上的灌木林中，每一座房屋都具有相似的外形轮廓和色泽。它好像是一群标准建筑物，随山势排列，成为整齐中又有变化的群体。它是一个幽静的山村，也是南方很多山村的代表形式。

图　版

图版 1　半坡村居住遗址　陕西西安　新石器时代（图为 1954 年发掘现场）

图版 2　始皇帝陵　陕西临潼　秦（公元前 210 年）

图版 3　秦汉瓦当　陕西出土　秦、汉

图版 4　汉代建筑遗址　陕西西安　西汉（公元前一世纪）

图版 5　明器陶楼　河北望都出土　汉

图版 6　画像砖（阙）　四川成都出土　汉

图版 7　画像砖（大门及屋）　四川德阳出土　汉

图版 8　画像砖（桥）　四川成都出土　汉

图版 9　高颐阙　四川雅安　汉（建安十四年，公元 209 年）
（中国营造学社旧照）

图版10　沂南汉墓墓门　山东沂南　汉

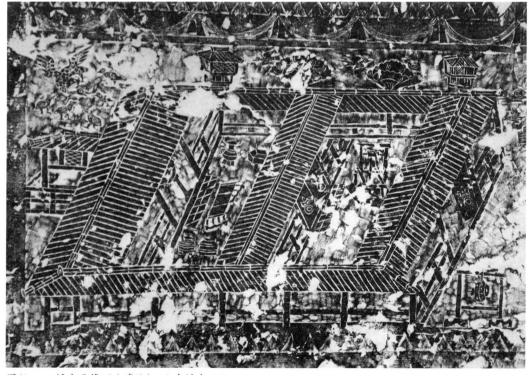

图版11　沂南画像石（廊院）　山东沂南　汉

图版12　云冈石窟外景　山西大同　北魏（公元五世纪）

图版14　云冈石窟第12窟东壁浮雕　山西大同　北魏（公元五世纪）

图版13　云冈石窟第2窟塔柱　山西大同　北魏（公元五世纪）

图版15　云冈石窟第21窟塔柱　山西大同北魏（公元五世纪）

图版 16 嵩岳寺塔 河南登封 北魏（正光三年，公元 522 年）
（陈明达摄）

图版 17 嵩岳寺塔细部 河南登封 北魏（正光三年，公元 522 年）（中国营造学社旧照，陈明达摄）

图版 18 萧绩墓全景 江苏句容 梁（公元六世纪）

图版 19 萧绩墓左辟邪 江苏句容 梁（公元六世纪）

图版 20　神通寺四门塔　山东历城　东魏（武定二年，公元 544 年）

图版 22　麦积山石窟七佛阁　甘肃天水　北周（公元六世纪）

图版 21　麦积山石窟全景　甘肃天水　北魏（公元六世纪初）

图版 23　麦积山石窟第 133 窟造像碑雕刻　甘肃天水　西魏（公元六世纪）

图版 24　义慈惠石柱　河北定兴　北齐（中国营造学社旧照）

图版 25　天龙山第 16 窟窟廊　山西太原　北齐（皇建元年，公元 560 年）

图版 26　安济桥（大石桥）　河北赵县　隋（大业年间，公元 605—618 年）

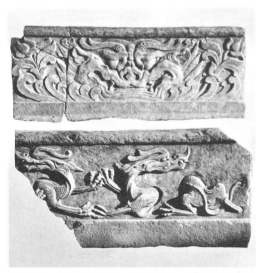

图版 27　安济桥栏板　河北赵县　隋（大业年间，
公元 605—618 年）

图版 28　龙门奉先寺　河南洛阳　唐（公元七世纪）

图版 29　慈恩寺大雁塔　陕西西安　唐（长安四年，公元 704 年）

图版 30　慈恩寺大雁塔门楣石刻　陕西西安　唐（长安四年，公元 704 年）

图版 31　荐福寺小雁塔　陕西西安　唐（景龙年间，公元 707—710 年）

图版 32 唐高宗乾陵 陕西乾县 唐（弘道元年，公元 683 年）

图版 33 敦煌莫高窟外景 甘肃敦煌

图版 34　敦煌莫高窟壁画中之寺院　甘肃敦煌　唐（公元八世纪）

图版 35　敦煌莫高窟壁画中之寺院　甘肃敦煌　唐（公元八世纪）

图版 36　敦煌莫高窟壁画中之住宅　甘肃敦煌　唐（公元八世纪）

图版 37　佛光寺全景　山西五台　唐（大中十一年，公元 857 年）

图版 38　佛光寺大殿全景　山西五台　唐（大中十一年，公元 857 年）

图版 39　佛光寺大殿近景　山西五台　唐（大中十一年，公元 857 年）

图版 40　佛光寺大殿内景　山西五台　唐（大中十一年，公元 857 年）

图版41　崇圣寺千寻塔　云南大理　唐（公元九世纪）

图版42　王建墓内景　四川成都　前蜀（光天元年，公元918年）

图版 43　镇国寺大殿　山西平遥　北汉（天会七年，公元 963 年）

图版 44　栖霞寺舍利塔　江苏南京　南唐（公
元十世纪）

图版 45　栖霞寺舍利塔基座浮雕　江苏南京　南唐（公元十世纪）

图版 46　独乐寺全景　天津市蓟州区　辽（统和二年，公元 984 年）（中国营造学社旧照）

图版 47　独乐寺观音阁　天津市蓟州区　辽（统和二年，公元 984 年）（中国营造学社旧照）

图版 48　独乐寺观音阁内景　天津市蓟州区　辽（统和二年，公元 984 年）

图版 49　开元寺料敌塔　河北定州　北宋（咸平四年，公元 1001 年）

图版 50　奉国寺大殿　辽宁义县　辽（开泰九年，公元 1020 年）

图版 51　陀罗尼经幢　河北赵县　北宋（景祐五年，公元 1038 年）

图版 52　祐国寺铁塔　河南开封　北宋（庆历元年，公元 1041 年）

图版 53　祐国寺铁塔细部　河南开封　北宋（庆历元年，公元 1041 年）

图版 54　佛宫寺释迦塔　山西应县　辽（清宁二年，公元 1056 年）

图版 55　佛宫寺释迦塔细部　山西应县　辽（清宁二年，公元 1056 年）

图版 56　下华严寺薄伽教藏殿内天宫壁藏　山西大同　辽（重熙七年，公元 1038 年）

图版 57　云居寺塔　河北涿州　辽（大安八年，公元 1092 年）

66

图版 58 《清明上河图》之汴梁虹桥部分　北宋（公元十一世纪）

图版 59 《清明上河图》之城楼　北宋（公元十一世纪）

图版 60　晋祠圣母殿全景　山西太原　北宋（天圣年间，公元 1023—1032 年）

图版 61　晋祠飞梁　山西太原　宋建新修（公元十二世纪初建）

图版 62　开元寺毗卢殿藻井　河北易县　辽（乾统五年，公元 1105 年）

图版 63　天宁寺塔　北京　辽（公元十二世纪）

图版 64　灵隐寺双石塔　浙江杭州　南宋（公元十二世纪）

图版 65　报恩寺塔　江苏苏州　南宋（绍兴年间，公元 1131—1162 年）

图版 66　泉州双石塔　福建泉州　南宋（嘉熙元年、二年，公元 1237 年、1238 年）

图版 67　李嵩绘《水殿招凉图》　南宋（公元十二世纪）

图版 68　李嵩绘《焚香祝圣图》　南宋（公元十二世纪）

图版69　上华严寺大雄宝殿　山西大同　金（天眷三年，公元1140年）

图版70　上华严寺大雄宝殿内景　山西大同　金
（天眷三年，公元1140年）

图版71　晋祠献殿　山西太原　金（大定八年，公元1168年）

图版 72　广惠寺华塔　河北正定　金（公元十二世纪）

图版 73　永乐宫全景　山西芮城　元（公元十三世纪）

图版 74　永乐宫纯阳殿壁画　山西芮城　元（至正十八年，公元 1358 年）

图版 75　妙应寺白塔　北京　元（至元八年，公元 1271 年）

图版76　观星台　河南登封　元（公元十三世纪末）

图版77　广胜寺明应王殿　山西赵城　元（公元十四世纪）

图版 78 居庸关云台 北京 元（至正五年，公元 1345 年）

图版 79 居庸关云台门洞内雕刻 北京 元（至正五年，公元 1345 年）

图版 80　灵谷寺无梁殿　江苏南京　明（洪武年间，公元 1368—1398 年）

图版 81　明长陵石牌坊　北京　明（嘉靖十九年，公元 1540 年）

图版 82　明长陵碑亭及华表　北京　明（永乐年间，公元 1403—1424 年）

图版 83　明长陵祾恩殿　北京　明（永乐七年，公元 1409 年）（中国营造学社旧照）

图版 84　明长陵方城明楼　北京　明（永乐七年，公元 1409 年）

图版 85　智化寺如来殿藻井　北京
明（正统九年，公元 1444 年）（中
国营造学社旧照）

图版 86　隆福寺大殿藻井　北京
明（景泰四年，公元 1453 年）

图版 87　大正觉寺塔　北京　明（成化九年，公元 1473 年）

图版 88　孔庙奎文阁　山东曲阜　明（弘治十七年，公元 1504 年）

图版 89　台怀镇大塔院寺大塔　山西五台　明（万历七年，公元 1579 年）

图版 90　太庙鸟瞰图　北京　明（万历年间，公元 1573—1620 年）

图版 91　长城　北京　明

图版 92　前门鸟瞰　北京

图版 93　前门城楼　北京　清（光绪年间，公元 1875—1908 年）

图版 94　前门箭楼　北京　清（民国初年曾改建）

图版 95　故宫全景　北京　清

图版 96　天安门　北京　清（顺治八年重建，公元 1651 年）

图版 97　端门背面　北京　清（康熙六年，公元 1667 年）

图版 98　紫禁城午门　北京　清（顺治四年重建，公元 1647 年）

图版 99　故宫太和门　北京　清

图版 100　故宫太和殿　北京　清（康熙年间，公元 1662—1722 年）

图版 101　故宫太和殿　北京　清（康熙年间，公元 1662—1722 年）　图版 102　故宫太和殿内部　北京　清（康熙年间，公元 1662—1722 年）

图版 103　故宫中和殿及保和殿　北京　清

图版 104　天坛全景　北京　清（乾隆十六年重修，公元 1751 年）

图版 105　天坛祈年殿　北京　清

图版 106　天坛祈年殿藻井　北京　清

图版 107　天坛皇穹宇　北京　清

图版 108　天坛圜丘坛　北京　清

图版 109 雍和宫牌坊 北京 清（雍正年间，公元 1723—1735 年）

图版 110 雍和宫万佛阁 北京 清（雍正年间，公元 1723—1735 年）

图版 111 西黄寺班禅喇嘛塔 北京 清（乾隆四十四年，公元 1779 年）

图版 112　普宁寺全景　河北承德　清（乾隆二十年，公元 1755 年）

图版 113　普陀宗乘之庙全景　河北承德　清（乾隆三十二年，公元 1767 年）

图版114 普乐寺全景 河北承德 清（乾隆三十一年，公元1766年）

图版115 普乐寺旭光阁藻井 河北承德 清（乾隆三十一年，公元1766年）

图版 116　须弥福寿庙全景　河北承德　清（乾隆四十五年，公元 1780 年）

图版 117　飞云楼　山西万荣　清（乾隆十一年，公元 1746 年）

图版 118　北海琼岛全景　北京　清

图版 119　团城及三海　北京　清

图版 120　北海五龙亭　北京　清

图版 121　北海九龙壁　北京　清

图版 122 颐和园万寿山 北京 清

图版 123 颐和园全景 北京 清（光绪十四年、二十九年两次修复，公元 1888 年、1903 年）

图版 124 颐和园排云殿、佛香阁 北京 清

图版 125　颐和园长廊　北京　清

图版 126　颐和园谐趣园　北京　清

图版 127　颐和园谐趣园假山游廊　北京　清

图版 128　颐和园十七孔桥　北京　清

图版 129　颐和园桥亭　北京　清

图版 130　颐和园玉带桥　北京　清

图版 131　龙亭　河南开封　清

图版 132　美园　江苏木渎　清

图版 133　美园　江苏木渎　清

图版 134　拙政园　江苏苏州　明

图版135　网师园　江苏苏州　清

图版136　沧浪亭　江苏苏州　北宋

图版137　苏州园林月亮门　江苏苏州

图版138　史公祠　江苏扬州　清

图版139　平湖秋月　浙江杭州　清

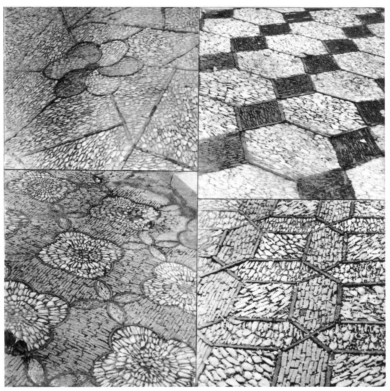

图版 140　江南园林地面做法四种（童儁摄）

图版 141　湖南新宁民居（刘敦桢摄）

图版 142　韶山毛主席故居　湖南湘潭

图版 143　四川南溪民居（中国营造学社旧照）

图版 144　四川民居（中国营造学社旧照）

图版 145　云南丽江民居（中国营造学社旧照）

图版 146　云南丽江民居（中国营造学社旧照）

图版 147　云南丽江民居（中国营造学社旧照）

图版 148　住宅庭院　山东曲阜孔府

图版 149　新宁桥　湖南新宁（刘敦桢摄于 1937 年）

图版 150　竹索桥　四川都江堰（摄于二十世纪五十年代）

图版 151　西安清真寺内部（中国营造学社旧照）

图版 152　西安清真寺内部（中国营造学社旧照）

图版 153　成都清真寺内部（中国营造
学社旧照）

图版 154　南关大寺唤醒楼　甘肃临
夏

图版155　大河家清真大寺（海依寺）入口　甘肃临夏

图版156　大河家清真大寺（海依寺）大殿　甘肃临夏

图版157　毕家场影壁雕刻　甘肃临夏

图版 158　拉萨鸟瞰　西藏

图版 159　布达拉宫入口阶梯　西藏拉萨

图版 160　布达拉宫全景　西藏拉萨

图版 161　罗布林卡宫大门　西藏拉萨

图版 162　罗布林卡宫　西藏拉萨

图版 163　大昭寺　西藏拉萨

图版 164　班根曲得塔（今通称白居塔）　西藏江孜

图版 165　扎什伦布寺　西藏日喀则

图版 166　日喀则地方政府（桑珠孜宗堡）　西藏日喀则

图版 167　德格印经院　昌都地区（今属四川省甘孜藏族自治州德格县）

图版 168　舍利图召（今通称席力图召）　内蒙古呼和浩特

图版 169　延福寺　内蒙古巴彦浩特

图版 170　延福寺　内蒙古巴彦浩特

图版 171　昆都仑召　内蒙古包头

图版 172　蒙古包　内蒙古

图版 173　程阳桥　广西三江

图版 174　大金寺　云南芒市

图版 175　三排林　广东连南

附 录 一

作者批注与附记

（一）作者批注

应补充：城市规划，施工技术，关于“歌诀”及“绘室”的评价，术书及其成就、思想、观点，内部装修、平棊、藻井等，各种详细平面图。

编写建筑史会议[①]上所提出的中国建筑基本特点：成熟的木框架结构及丰富的材料，独特的群体组合形式，丰富的艺术创造、装修、装饰及色彩，鲜明的民族风格和地方特点，城市布局的规整性和灵活性，园林的独特风格和高度的艺术水平，科学的施工方法和传统的设计方法。

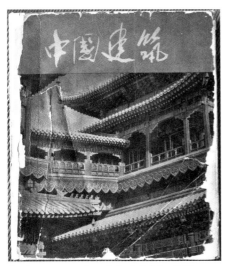

插图一　1957 年版《中国建筑》书影

中国建筑历史与理論研究室成立

计划在明年编著“中国建筑史”

并对頤和园建筑进行全面研究

本报訊　中国科学院和国家建設委員会合作筹建的中国建筑历史与理論研究室于10月15正式成立，地点在清华大学。

这个研究室由著名建筑学家梁思成教授和刘致平教授領导。参加該室研究工作的还有清华大学建筑系的赵正之教授、莫宗江教授和文化部文物局的工程师陈明达等人。

在筹备期間，研究工作已經开始。刘致平教授和一批研究人員先后在西安考察了不久以前發掘出来的西汉古建筑遺址；在渭河北岸耀县附近考察了元代建筑药王山寺院；平遥县北汉代建筑物鎮国寺大殿，大同云崗的北魏建筑以及太谷县清代特殊風格的街坊布置等等。在考察中对有些建筑物还进行了測繪工作。

該室明年的研究計划已經初步确定为：編著“中国建筑史”；对北京頤和园的全部建筑进行全面地分析研究；进一步考察各地具有重大研究价值的古建筑物。目前他們正在着手編制一部中国建筑物照片选集和整理著名的道教建筑永乐宫的資料。

梁思成教授就中国建筑历史与理論研究室的成立对記者說：我們只有認真地研究我国建筑历史及其理論才能把我国丰富的建筑科学遺产繼承下来，为我国社会主义建設服务。

1956 年 12 月 18 日《光明日报》关于“建筑历史与理论研究室成立”的报道(记者　吴君尹)

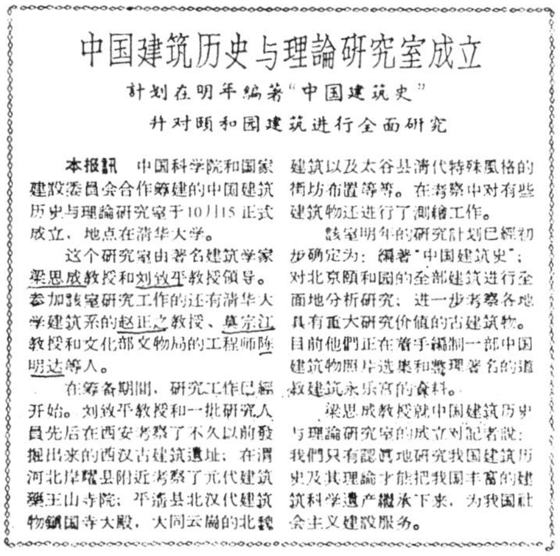

插图二　1956 年 12 月 18 日《光明日报》关于中国建筑历史与理论研究室成立的报道

① 应指 1958 年 10 月由建工部建筑科学研究院主持召开的“全国建筑理论及历史学术讨论会”。在此次会议上，动议由刘敦桢先生主持编写《中国古代建筑史》，梁思成、陈明达、莫宗江等多位学者共襄其事。据此，可知此则附记当作于出版后不久。文中所提七个问题，是作者向会议所提抑或是会议记录，则有待考证。

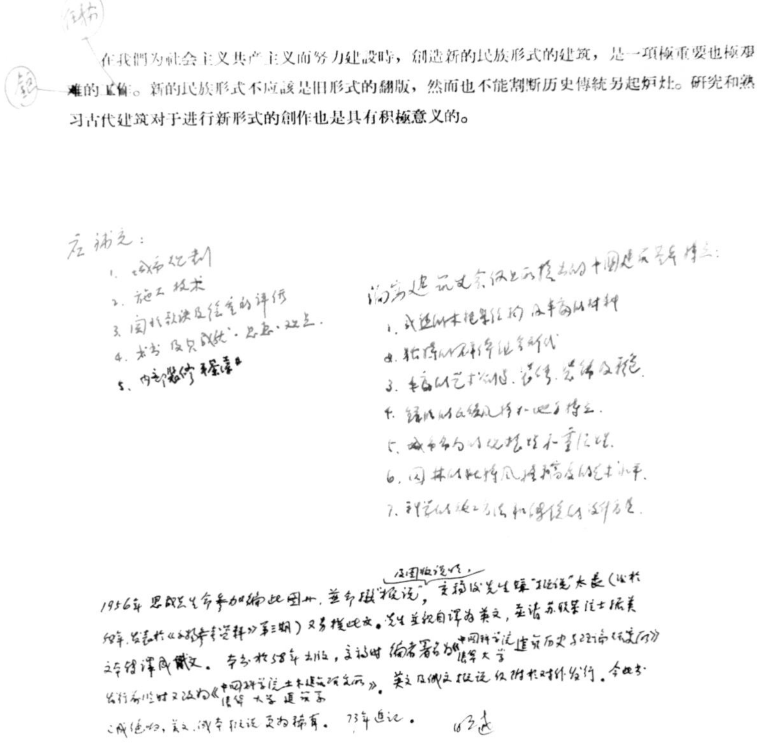

在我們為社會主義共產主義而努力建設時，創造新的民族形式的建築，是一項極重要也極艱難的 □□。新的民族形式不應該是舊形式的翻版，然而也不能割斷歷史傳統另起炉灶。研究和熟習古代建築對於進行新形式的創作也是具有积极意义的。

插图三　《中国建筑》一书中的陈明达批改手迹

（二）作者附记

1956 年，思成先生命参加编此图册，并命撰"概说"及图版说明。交稿后，先生嫌"概说"太长（后于 1958 年发表于《文物参考资料》第三期），又另撰此文。先生并亲自译为英文，并请苏联某院士据英文本转译成俄文。本书于 1958 年出版，交稿时编者署名为"中国科学院、清华大学建筑历史与理论研究所"，发行前临时又改为"中国科学院土木建筑研究所、清华大学建筑系"。英文及俄文概说仅附于对外发行。今此书已成绝响，英文、俄文概说更为稀有。

1973 年追记　明达

附 录 二

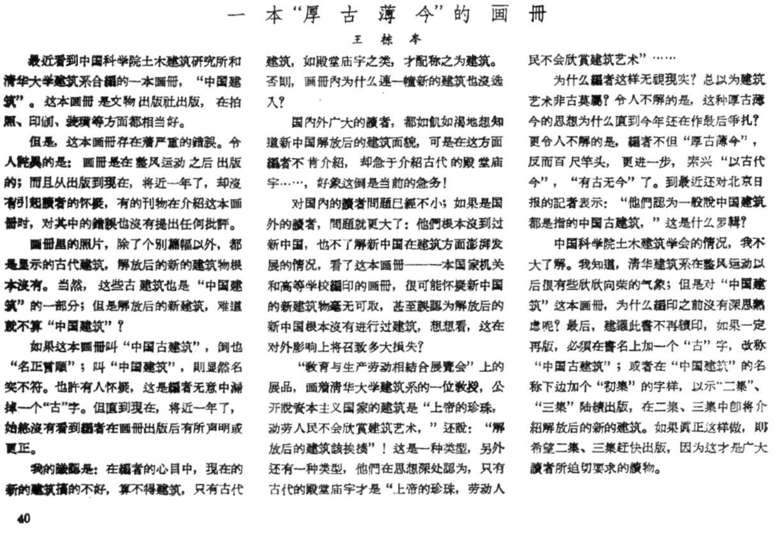

一本"厚古薄今"的画册

王栋岑

最近看到中国科学院土木建筑研究所和清华大学建筑系合编的一本画册《中国建筑》。这本画册是文物出版社出版，在拍照、印刷、装潢等方面都相当好。

但是，这本画册存在着严重的错误。令人诧异的是，画册是在整风运动之后出版的，而且从出版到现在，将近一年了，却没有引起读者的怀疑，有的刊物在介绍这本画册时，对其中的错误也没有提出任何批评。

画册里的照片，除了个别篇幅以外，都是显示的古代建筑，解放后的新的建筑物根本没有。当然，这些古建筑也是"中国建筑"的一部分；但是解放后的新建筑，难道就不算"中国建筑"？

如果这本画册叫"中国古建筑"，倒也"名正言顺"；叫"中国建筑"，则显然名实不符。也许有人怀疑，这是编者无意中漏掉一个"古"字。但直到现在，将近一年

插图一　王栋岑书评《一本"厚古薄今"的画册》

了，始终没有看到编者在画册出版后有所声明或更正。

我的认识是：在编者的心目中，现在的新的建筑搞得不好，算不得建筑，只有古代建筑，如殿堂庙宇之类，才配称之为建筑。否则，画册内为什么连一幢新的建筑也没选入？

国内外广大的读者，都如饥如渴地想知道新中国解放后的建筑面貌，可是在这方面编者不肯介绍，却急于介绍古代的殿堂庙宇，好像这倒是当前的急务！

对国内的读者问题已经不小，如果是国外的读者，问题就更大了：他们根本没到过新中国，也不了解新中国在建筑方面澎湃发展的情况，看了这本画册——一本国家机关和高等学校编印的画册，很可能怀疑新中国的新建筑物毫无可取，甚至误认为解放后的新中国根本没有进行过建筑。想想看，这在对外影响上将招致多大损失？

"教育与生产劳动相结合展览会"上的展品，画着清华大学建筑系的一位教授，公开说资本主义国家的建筑是"上帝的珍珠，劳动人民不会欣赏建筑艺术"，还说："解放后的建筑该挨揍！"这是一种类型。另外还有一种类型，他们在思想深处认为，只有古代的殿堂庙宇才是"上帝的珍珠，劳动人民不会欣赏建筑艺术"……

为什么编者这样无视现实？总认为建筑艺术非古莫属？令人不解的是，这种厚古薄今的思想为什么直到今年还在作最后挣扎？更令人不解的是，编者不但"厚古薄今"，反而百尺竿头，更进一步，索性"以古代今""有古无今"了，到最近还对《北京日报》的记者表示，"他们认为一般说中国建筑都是指的中国古建筑"，这是什么逻辑？

中国科学院土木建筑学会的情况，我不大了解。我知道，清华建筑系在整风运动以后很有些欣欣向荣的气象；但是对《中国建筑》这本画册，为什么编印之前没有深思熟虑呢？最后，建议此书不再续印，如果一定再版，必须在书名上加一个"古"字，改称《中国古建筑》；或者在《中国建筑》的名称下边加个"初集"的字样，以示"二集""三集"陆续出版，在二集、三集中即将介绍解放后的新的建筑。如果真正这样做，则希望二集、三集赶快出版，因为这才是广大读者所迫切要求的读物。

（原载《建筑学报》1959年第1期）

整理说明

文物出版社于 1957 年出版的《中国建筑》图册[1]，是 1949 年以来中国古代建筑史研究的早期成果之一，其中未署名的综述性论文《中国建筑概说》，基本反映了二十世纪五十年代的建筑史研究进展和学术水平。经反复考证，此篇未署名文章以及为 175 帧图版所作的 72 条"图版说明"，实为陈明达先生所作。有关此事最直接的证据有二：整理者家藏《中国建筑》中的陈明达先生批改手迹和他于 1980 年为填写中国建筑科学研究院《科学技术干部业务考绩档案》所作的"业务自传"（详见本全集第九卷）。此外，陈明达先生生前对笔者所述的某些零星回忆，以及莫宗江、郑昌政、罗哲文、黄逖等先生的回忆，不仅佐证了事实，更还原了此文的写作背景及意图。1998 年编辑整理《陈明达古建筑与雕塑史论》时[2]，整理者拟将此文收录其中，但文物出版社以文集中已有另一篇同名论文为由而婉拒。此次编辑全集，整理者觉得有必要收录，并作几点说明，以此向中国建筑史学史研究界提供一份真实的史料。

一、1956 年 10 月，中国科学院与清华大学合办的"中国建筑历史与理论研究室"成立，梁思成先生为该研究室的负责人[3]。据当年 12 月 18 日《光明日报》所刊发报道："这个研究室由著名建筑学家梁思成教授和刘致平教授领导。参加该研究室工作的还有清华大学建筑系的赵正之教授、莫宗江教授和文化部文物局的工程师陈明达等人。……该室明年的研究计划已经初定为：编著《中国建筑史》；对北京颐和园的全部建筑进行

[1] 中国科学院土木建筑研究所、清华大学建筑系：《中国建筑》，文物出版社，1957。
[2] 陈明达：《陈明达古建筑与雕塑史论》，文物出版社，1998。
[3] 此研究室仅存不足两年，至 1958 年 4 月即另行改组，另有归属。

全面的分析研究；进一步考察各地具有重大研究价值的古建筑物。……"①可知该室当时是把修订梁思成先生作于抗战时期的《中国建筑史》作为首要研究方向的。又据陈明达先生生前回忆，当时集中全室之力合编《中国建筑》图册，即是修订建筑通史的预备工作。当时梁先生邀请他撰写"概说"，并审阅所遴选之建筑实例图片，并撰写"图版说明"，可以说他是此图册的主要编撰者、执行主编（参阅本篇附录一）。

二、就陈明达个人的研究生涯而言，此时期正是他由早期专注于古建筑实例考察、典籍考证而转向通史研究的转型时期，故借此梳理研究思路，也是一个良好的契机。据作者生前回忆，尽管在建筑实例选择及所占篇幅上，因有对外宣传的要求，并不完全合乎本意（如偏重于北京明清时代建筑、皇家园林，而唐宋木构建筑则不够充分），但基于中国营造学社时期的积累，并结合当时的形势，此次撰写此篇"概说"及"图版说明"，将自身的建筑史研究的视野，由过去专力于官式建筑实例和《营造法式》专题，而至此拓宽至园林、民居和少数民族建筑，可算是他个人研究生涯中的收获，也确实为日后参与刘敦桢先生主编《中国古代建筑史》工作作了有益的初次尝试（后刘敦桢先生曾邀约陈明达执笔撰写《中国古代建筑史》第四稿，也缘于此②）。

三、这是一篇立足于实地考察和文献考证，试图从艺术风格、技术水平两方面梳理中国古代建筑体系的提纲性质的论文，同时是兼顾文化启蒙要求，以平实的文字品评中国建筑艺术的散文佳作（包括"图版说明"那些以尽量简练的笔墨概括建筑实例、建筑现象的说明文字）。梁思成先生曾将此文英译，并请苏联建筑专家据英译本转译为俄文，既有当时对外宣传的实际需要，也是对此文学术水平的首肯（参阅本篇附录一）。陈先生是梁思成先生的弟子，由先生执笔翻译弟子的文章，这本身说明了梁先生对此文的首肯，也展示了老一辈学者的大家风范。半个世纪过去了，虽然因史料的日渐丰富，陈先生的叙述或有未达之憾，但其整体思路之明晰，艺术品评之精当，尤其对继承文化传统与建筑形式创新的关系的阐释，至今仍引人深思。

四、《中国建筑》原书附有图版部分175帧照片的来源说明。提供照片的单位及个

---

① 《光明日报》，1956年12月18日。
② 参阅刘敦桢主编：《中国古代建筑史》，中国建筑工业出版社，1982。

人计：文化部文物局 64 张，中国营造学社 34 张，新华社摄影部 22 张，中国科学院、清华大学建筑历史与理论研究室 15 张，古代建筑修整所 8 张，人民画报社 7 张，环球图片社 5 张，陕西省文物管理委员会 4 张，故宫博物院 4 张，民族画报社 4 张，城市建设部勘测设计局 2 张，首都人民英雄纪念碑兴建委员会 1 张，中国科学院考古研究所 1 张，朱偰 2 张，童寯 2 张。这些照片，精选了作者参与其中的中国营造学社考察摄影，也有作者在文物局工作期间参与其中的古建筑普查工作之新发现，而另一些新华社等单位提供的照片，侧重反映了新时期在少数民族建筑调研方面的拓展。

五、受当时政治形势影响，此文虽得到梁思成、刘敦桢先生的首肯，但很快受到王栋岑等人的批判（署名发表在《文物参考资料》上的《中国建筑概说》，则受到署名哲敏的性质类似的点名批评）。有关王栋岑所谓"厚古薄今"的指责，陈明达先生生前曾回忆说，这涉及中国的史学传统：中国古典史学自汉代以后，大致倾向于历史由后人书写——当代人可以记录当代事迹，但这些当代事迹能否写入历史，或者写入历史的褒贬评判，要有一个时间检验过程。所以，书写历史截至前代，在读书人心目中本是很正常的事（故中国人的日常生活中也流行"盖棺论定"之说）。至于在新时代如何界定历史学概念，乃至更新历史观，这本是一个纯学术问题，万没想到会有人上纲上线，为一篇纯学术性的文章加上"无视现实""最后挣扎"之类的政治批判词语。此批判风波最终并没有进一步扩大，有一部分原因是印刷延误而错过了"反右运动"的高峰时段。之后，陈明达先生也因文物局局长王冶秋等人的力保，幸免于被追加"右派分子"帽子的厄运。但此后建筑历史界人士在坚持学术研究时所面临的压力，也是可想而知的。因此，不久之后刘敦桢先生主编建筑通史，由原题《中国建筑史》改为《中国古代建筑史》，强调了"古代"二字（参阅本篇附录二）。

尤其值得说明的是，陈明达先生于 1970 年赴湖北咸宁文化部"五七"干校参加"思想改造"，在 1973 年返回北京之际，梁思成先生已于 1971 年去世，仍未得到公正的盖棺论定。当此之际，陈先生以极恭敬的口吻写下了一则追记，正与当时某些仍随波逐流与梁先生"划清界限"的人形成鲜明对照。

整理者

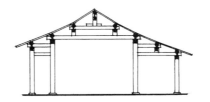

中国古代木结构
建筑技术

整理说明及凡例

1. 作者原书稿分二部：其一《中国古代木结构建筑技术（战国—北宋）》，由文物出版社正式刊行于 1990 年；其二《中国古代木结构建筑技术（南宋—清代）》，收录于文物出版社 1998 年刊行之《陈明达古建筑与雕塑史论》。今将此二部分汇校合编为一册，定名为《中国古代木结构建筑技术》。

2. 作者在自存《中国古代木结构建筑技术（战国—北宋）》印行本中多有修改和批注，今据以订正文本。所修改文字以"〔　　〕"标明，并请参阅 1990 年初版。

3. 初版《中国古代木结构建筑技术（战国—北宋）》之作者自存本中另有一些眉批，抄录在脚注中。

4. 本汇校版保留原作者注，标示为"作者原注"，置于各章之后；此次所增整理者注则为脚注，序号随文。

5. 原《中国古代木结构建筑技术（战国—北宋）》部分有作者审定附表 1 至 5，而"南宋—清代"附表 6 至 12，系据作者手稿整理，非作者定稿。今收录文末，聊供读者参考。

6. 另有研究笔记性质的九则遗稿，暂汇总为《古代木结构建筑技术研究笔记》（系草稿、未完成稿），于近期整理成篇，列为本篇之附录，与上一条提及之非定稿性质的列表等一并呈献读者，聊作阅读本篇的参考资料。

7. 作者生前曾表示：囿于当时的条件，"战国—北宋"部分之初版所选图版 43 幅并不能充分图示文本内容，如增加相关图照，或可表达文意更充分一些。今依照作者意愿，将原图版移作文内插图，另选录相关图照列为图版。"南宋—清代"部分之插图、图版，系整理者选配，仅供读者参考。

整理者

前言①（作者原序）

近三十年来，我们对中国古代建筑史的研究，偏重于建筑艺术史方面，先后编写过数次建筑史，最近一次是 1978 年完成的第八次修改稿，即《中国古代建筑史》（1980 年版）。此书出版时，原建筑科学院在书前作了一篇说明，指出："全书偏重于记叙，对源流变迁的论叙还不够；对建筑的艺术方面比较侧重，建筑的技术方面则注意不够……"② 这一评语极为中肯。事实上，我们对古代建筑的技术，并没有认真研究过，这是建筑史上的空白点。

研究古代科学技术须依赖典籍、实测两方面的基础资料。我国古代科学技术如天文、数学、医学、地理等都有很高的成就，并留下了丰富的典籍。唯独古代建筑技术，尽管也达到很高的水平，但留下来的典籍却十分稀少。因此，研究建筑技术须从现存实物着手。而现存实物多为明清时期所建，早期实物最早不过唐代中期；即使是间接的、形象较为具体的资料，也早不过东汉时期。所以，研究唐代以前的建筑，只能依靠铜器上的刻画、古代器物上的造型、石刻画像、石室、石阙、考古发现的古代遗址以及含义晦涩的文献等等，作出推测，以备参考而已。

---

① 此为 1987 年作者为《中国古代木结构建筑技术（战国—北宋）》所作前言，于 1990 年印行面世。
② 刘敦桢:《中国古代建筑史》，中国建筑工业出版社，1980。

唐代虽存有二三个木结构实例,但不足探察建筑的全面形象。[①] 幸而在大量的艺术作品中——如雕刻、壁画等,可以获得较多的形象资料,往往可从中窥见木构建筑的结构细节,较之对唐代以前的认识要具体、系统多了。到了辽宋时期,保存至今的建筑实例较多,确实充实了基础资料。加之还有一部全面的建筑学专著《营造法式》遗留至今,这才具备了具体分析研究古代建筑技术的条件。

然而长期以来我们被古代建筑优美的形象所吸引,很自然地就偏向于艺术方面的研究,不自觉地促成重艺术轻技术的倾向。因此,到1978年完成《中国古代建筑史》时自然会得出上述的评语,这时才深感古代建筑的技术方面还是一个空白点,很需要认真补课,加强这方面的研究。

就是在上述情况下,1977年中国科学院自然科学史研究所组织力量,要编纂一部《中国古代建筑技术史》。显然其目的在于填补建筑史上"技术"这个空白点。这是一个严肃的研究项目,必须认真对待,才能达到预期的目的。但当时对这类实质问题并未展开深入的讨论,就按初拟章节,分配任务。给我的任务是撰写"木结构建筑技术"的前一半,即自战国至北宋末期这一阶段。

既是任务,就不能计较难易,不能不接受,同时也考虑到从六十年代初开始,我个人曾对某些唐、辽建筑实例进行过较全面深入的分析研究,对《营造法式》大木作的研究,当时也已进行大半,实际上开始接触到宋代木结构建筑的技术问题,所以对此任务应当是有信心的。

当初稿写成后,将文字部分油印了200份,作为征求意见之用,想不到却供不应求。1982年,汇入内部编印的《建筑历史论文集》时,始将文稿并所附插图分刊于一、

[①] 此说为作者撰写此书时的情况,今唐代及相近的五代十国木构建筑已有若干新的发现。迄今为止,唐代建筑实例计有佛光寺东大殿、南禅寺大殿、天台庵大殿、五龙庙大殿、正定开元寺钟楼下层,五代建筑实例计有镇国寺万佛殿、龙门寺西配殿、大云院弥陀殿、华林寺大殿。另有一说:山西五台南禅寺大殿,唐建中三年(公元782年);山西芮城广仁王庙正殿,唐大和六年(公元832年);山西泽州青莲寺藏经阁,唐大和七年(公元833年);山西五台佛光寺东大殿,唐大中十一年(公元857年);甘肃敦煌莫高窟第196窟窟檐,唐景福二年(公元893年);山西长子布村玉皇庙前殿,推测为唐代;河北正定开元寺钟楼,推测为唐代;山西平顺天台庵大殿,推测为唐代。

二两集中。虽排印错漏较多，但不久这个排印本也分散完了（并已流传至国外）。于是有朋友建议：将以后南宋至明清部分续完，正式出版。我自己也有这种打算。到 1984 年，在开始整理积存资料时，才发现自己不可能完成这项工作了。已积累的资料缺漏甚多，要进行的基础工作庞大，我的年龄已不允许我再进行大规模的、长时间的测绘调查工作。例如在南方的宋元建筑，如苏州玄妙观三清殿、武义延福寺、上海真如寺、莆田三清殿、泉州开元寺，均须认真测绘；更重要的是在北方大量明清时期的建筑，很少做过精确的测量，而清代的《工程做法则例》，迄今并未开始作深入的研究，只是一般的文字注释而已。从三十年代就已开始故宫测量，解放前仅完成三大殿部分，以后不曾有计划地继续测绘，至今不见有可供科学研究用的实测全图。①

以上仅略举数例，便可见其工作量之庞大，要将南宋至明清的建筑技术发展史续完，不是轻而易举的事。所以，将原稿续完、出版的打算，只能停顿下来。

1985 年，中国科学院自然科学史研究所主编的《中国古代建筑技术史》② 出版了。全书除个别章节（如第六章一至四节）认真讨论了技术问题并取得令人信服的论证外，其他各章的内容实质大都与以前出版的《中国古代建筑史》大同小异，所以也仍适用原建筑科学院的评语"对建筑的技术方面注意不够"。而该书的附表一"本书各章执笔人名单"中所列第五章的概说及第一、二两节注明由我执笔，但事实上，书中所载与我的原稿相差极大，观点不同。

当然，以上所叙，只是我个人的意见，希望对这本书能展开讨论，借以明确进一步的研究方案，有效地促进这一学科的发展。而我个人的一家之言，也不妨暂存，故我决心将已写出的四章原稿修改补充，冠以《中国古代木结构建筑技术（战国—北宋）》之名，印成单行本正式出版。虽然不全，但对技术史的观点和研究方法是有别于建筑艺术史的，作为继续探讨技术史的参考，或不无裨益。

此次出版，除校正错讹、修饰文字外，还有三项增补。其一是第三章中关于北魏洛阳永宁寺九层塔，由于考古学家已经全面发掘出该塔的基座、全部柱网布置，原稿的

---

① 关于北京紫禁城（故宫）的测绘，有抗日战争时期张镈等全套的测绘图，颇得傅熹年等学者的好评。但此图长期深锁库房，常人难得一见。近年始有《北京中轴线》一书问世。
② 中国科学院自然科学史研究所:《中国古代建筑技术史》，科学出版社，1985。

估计成为不必要，而全部按发掘报告提供的资料改写，并补充了一张平面图。其二是第四章中新增"间、椽"一节。间、椽至迟在唐代已用为衡量单体建筑规模的单位，因间广即是屋架上木槫（檩）的长度，椽平长即是屋架每一架的水平投影长度，它们的长度变化，反映出结构力学的发展。这是原稿中一项较大的遗漏。其三是"结构形式与建筑形式"一节，原稿着重于叙述聚合建筑而忽略了普遍的单体建筑的形式，本书就此稍作补充。

陈明达

1987 年 9 月

第一章　绪论

第一节　封建社会接受的遗产[①]

封建社会前期（战国至西汉）的木结构技术是在怎样的基础上发展起来，它是继承了前一时期的什么条件进行创造的呢？这也就是说，在奴隶社会时期（夏代、殷商、西周）木结构技术达到了什么样的水平，它给封建社会留下了什么遗产？这个问题现时还不可能作出全面的说明，只有一些片断的现象，可供参考。现简略地介绍如下。

近年来浙江余姚河姆渡发现的新石器时代（早于三代的传说时代）遗址中，出现了大量木建筑构件（原注一）[图版1]。这个遗址距今约有六千年，即约为公元前四千年。对它的整体形式现时还难于作出复原，但遗留的构件上保存着圆形的穿透榫卯。还在使用石器作工具的时代已经能做出榫卯，应当承认是了不起的创造（这项发现纠正了我们过去的一个错误看法：认为没有金属工具的时候，是不能制造榫卯的）。同时我们联想到殷代墓中的木椁、西周铜器中的"令毁"（原注二）所表现的柱额栌斗的结合形式，似乎可以肯定地说，至少到奴隶社会的末期（东周之春秋时代），榫卯已经具备了多种多样的形式，使各种木结构构件有了牢固可靠的相互结合的方法。

殷商时期留下了大量遗迹，据三十年代发掘出的河南安阳殷墟陵墓遗址，其中有

---

① 在历史分期问题上，作者沿用当时的分期，即东周之春秋时期属奴隶制社会末期，自战国时期始为封建社会。此处有作者眉批："迄今为止，历史学界根据考古工作进展和现有文献，按照辩证唯物史观，将中国历史分期为新石器时期（传说至五帝时代）、奴隶社会时期（夏代至东周之春秋时期）和封建社会（东周之战国时代至清代鸦片战争之前）。这个中国历史分期基本被学术界认可，但也还存在若干分歧，今后或仍会有新的认识。本书暂沿用目前的这个分期。"

井幹木榫遗迹。推测这种井幹结构方法，必然也是当时建筑惯用的一种结构形式。近年来发掘出的河南偃师二里头商代早期宫殿遗址（原注三）[图版2]、湖北武汉市黄陂盘龙城商代宫殿遗址（原注四）以及在陕西岐山、扶风的周代早期建筑遗址（原注五），都是大规模的建筑群。按其柱础的遗迹，可以断定是木构架建筑。这种结构的柱子有两种排列方式，一种是纵横两个方向都成整齐的行列，一种是纵向成行列而横向不成行列，可以推测它很可能是以纵架为主的结构形式，也可能是我们所未知的其他独特形式。可惜遗址中除了柱础位置外，找不到其他有关构架的遗迹。

1957年在湖北蕲春毛家嘴发掘到的西周时期的建筑遗址（原注六）[图版3、4]，其中可以辨别出三座房屋的柱子排列形式，也与殷商各遗址的排列方法相同。只是每座房屋都在柱子外侧用直立的木板围成墙，其中一座房屋还可辨明它是在一排木柱的上端用一条横木相连，直立的木板则依附于横木外侧。那么，这是一种全部用木材建成的房屋了。

东周之战国时代以前[①] 给我们留下的木结构建筑实物，只有这些残迹，仅能了解到当时至少已有井幹、木板、木构架三种结构形式，而以木构架使用最多、规模最大。至于构架的具体做法，现时还难于肯定，只从榫卯的制作水平看，能把许多木构件结合成一个牢固的构架，已毫无疑问了。就殷代各遗址和周代蕲春遗址看，还可以了解当时的建筑技术有较大的地区性，技术水准有较大的差别。然而这种片断的认识，还很难帮助我们全面、具体地了解奴隶社会（夏代、殷商、西周）能达到的最高水平。试想殷周时代的青铜器，有这样高的铸造和工艺水平，严格不苟的器形，精致的图案装饰，镏金、镶嵌等形成的华丽光彩，难道竟会是陈列在简陋的——甚至还是捆绑的——庙堂中吗？有那样高度的青铜工艺水平的工匠们，他们的建筑技术水准一定也是与青铜工艺相适应的，只是我们现在还没有发现更多的遗物，暂时还难于具体地解答这一问题。

---

① 初版为"奴隶社会时期"。

第二节　木结构建筑是封建社会时期的主流

在我国古代建筑的发展过程中，高台建筑的盛行及屋瓦的大量使用恰巧是在奴隶制社会结束、封建制社会开始的时期。高台建筑是夯土和木结构配合使用的形式。夯土在古代是一种传统的做法，但需要使用大量的劳动力，因此在长期的封建社会中，房屋建筑逐步地抛弃了夯土的形式，沿着以木构架为主导的方向发展，成为我国古代建筑的主流。这种木结构建筑，是以木材构成各种形式的屋架或框架作为整个建筑物的荷重主体，墙壁只起围护作用，不承担荷载。古代建筑匠师用这种方法建造了许多规模宏伟、空间宽敞、构造坚固、色彩华丽的建筑，迄今还保存着历时千年的宏伟建筑，显示出木结构技术的高度成就，雄辩地证明了古代中国人的智慧和创造才能。

古代世界各民族的建筑，起初大抵都经过木结构的阶段，随后就逐渐转向砖木混合结构或砖石结构的方向发展。如印度、埃及、爱琴海中的各岛国等，早在奴隶社会时，已经是以砖石建筑为主导了。为什么我国古代却沿着单一的木结构方向发展，始终不变，终于成为世界古代建筑中独树一帜的体系呢？

我国最迟在封建社会初期，就已经开始生产砖。从现今所掌握的考古资料看，制造大型精致的空心砖——它们可长达一米以上——可能还早于小块砖。现存古代遗物有西汉末东汉初的砖拱券及扁壳（原注七）。天然石材用于建筑是很早的事了，从古代雕刻看来，石材加工技术早已具有很高的水平。最早见于文献记载的用石材建造的大跨度券桥，是公元三世纪末的"去洛阳宫六七里，悉用大石，下圆以通水"的旅人桥（原注八）。这些证明着砖的制造生产、砖石应用技术都有高度的成就。只是在房屋建筑上，砖最早仅用于铺地面、做踏步，石只用于柱础、台基。也发现过东汉初年的用砖柱砖墙建的房屋（原注九），那是极稀少、极个别的例子［图版5、6］。总之，直到佛教传入中国以前，除了墓室、桥梁以外，我们的房屋建筑是不用砖石结构荷重的。就是佛教传入中国以后，砖石建筑也只扩展到少数宗教建筑的塔、殿，而其外形仍多仿照木结构形式。大量的宫殿、寺庙、住宅，还是保持着木结构传统。这些情况使我们对木结构突出发展的原因，更感觉到有讨论的必要。

曾经有一种意见，认为我们的祖先于新石器时代后期在黄河中游一带定居下来，这一带森林茂密而石材缺少，木材就成为自古以来的主要建筑材料。黄河中游一带确实石材较少，可是我们的祖先并不是只在黄河中游定居。翻检一下考古报告，密布全国各处的古代居住遗址所在地，大多并不缺乏石材。最近几年发现的余姚河姆渡新石器时代居住遗址（原注十）、湖北蕲春周初居住遗址（原注十一），都是用木材建造房屋，它们是在长江中、下游。近二十年的考古发掘，证明殷商的地理范围大大超过以往历史学的推测，在南方已达长江中下游的南北两岸（原注十二）［图版7、8］，而这些地点都是不缺乏石材的。所以，说我们的祖先定居在缺乏石材的黄河中游是木结构发展的原因，是不符合事实的。事实是在我国广大的领土上，自然资源极为丰富，可供建筑用的天然材料也是丰富多样的。当然上古时期森林更为丰富，木材最易取得，加以木材是一种既坚韧又最易加工的建筑材料，因此，从原始社会到奴隶社会时期，就惯于以木材为房屋建筑的主要材料。经过长期实践，对木结构积累了丰富的经验，对其优点有充分的认识，而逐渐形成了牢固的传统。

我国漫长的封建社会时期，所以能保持并发扬这个传统，则是由经济制度决定的。我国封建社会的经济制度具有"自给自足的自然经济占主要地位"[①]的特点，而木结构建筑最能与此特点相适应，这就确定了它必然成为封建社会建筑发展的主流。为此，有必要先概略地叙述一下木结构建筑对农民、手工业工人有些什么优越性，然后分析它是如何适应封建的政治经济制度的。

它的优越性是：

1. **便于积累储备材料**　一般农民建造房屋都是经过长期准备的，其所需木材往往是从种植树苗开始。现今在陕西西安附近的农民简直就称他们种的树为柱梁或椽子，用作梁柱的树二十年左右、用作椽子的树五年左右便可成材。门窗可以逐步制作备用，有些地区还有专做门窗的手工业者。夯土墙或土墼[②]墙是只需劳动力的，土墼也可逐渐积累。除了瓦需约定几家合作烧制外，农民可以独立积累起全部建筑材料。即使需要

---

① 毛泽东：《中国革命和中国共产党》，载《毛泽东选集》（一卷本），人民出版社，1966，第618页。

② 墼，陈明达《〈营造法式〉辞解》："新挖出的潮土入模夯打成的土砖，阴干后不入窑烧结即使用。"此外，陈明达《〈营造法式〉研究札记》中另有详解。

二三十年时间之久，但在他们的经济条件下却是一个最方便、最切实可行的办法。

2. **工期短、易施工** 一般农民盖几间住房，只需一个农闲季节，便可基本完成。木结构建筑所需技术简易，农村中建造一般房屋时只需有一两个熟练木工做技术较高的工作，如主持绳墨、放线定平、做梁柱榫卯、安排施工程序等等，其他较粗糙的木工工作、筑墙、垒墼、布瓦及一切杂工，农民都能自己动手。劳动力不足时，也可邀请本村农民互助。在力量不足时，更可分期施工。例如木屋架、墙壁、屋面等都能分期做。在农村中常常看到先立起屋架，过一两年再做墙壁，或先铺草屋面，有力量时再换成瓦屋面。总之，农民可以依靠自己的劳动力，采用各种分工办法逐步完成。

3. **易于拆迁** 在必须转移居住地址时，这种房屋易于拆迁，除了需付出劳动力外，其他损失很少。这一优点甚至推广至后来的官式建筑，许多宫殿也曾大规模拆迁过，例如东魏时拆迁洛阳宫殿到邺城（原注十三），唐末也曾将长安宫殿拆迁至洛阳（原注十四）。

4. **易于扩建** 木构架房屋都是长方形平面，以间为单位，间数可以任意增加。如先建两三间，再扩建成五、七间，也可以在三五间的前或后方的两侧，增加一两间厢房等等，扩充增建的方式极为灵活多样，便于按经济力量或人口增加随时增建。

5. **能适应山区地形** 在山坡建造木构架房屋时，只需调整柱子的长短取平室内地面，无须平整土石方或砌筑大量基础，是山地建筑最经济便宜的方式。故我国南方山区的乡镇，常常是利用一条狭窄的山脊作街道，其两坡建造房屋。甚至在悬崖峭壁间，也能用木构架建造起房屋。

当然木结构建筑还有各种优点，例如木材轻韧易于雕凿，开设门窗灵活自由，有较好的抗震性能等等。但是，对于农民、手工业工人说，以上几条才是最主要的。

封建社会的经济是"自给自足的自然经济占主要地位。农民不但生产自己需要的农产品，而且生产自己需要的大部分手工业品"[①]，也要为自己建造房屋。一般说来，农民及手工业者作为社会的基本成员，所拥有的物质基础很有限，仅敷基本生活。也因此在具备了前述各种条件后，还需多方斟酌，建构最为基本的住房——以木材作屋架、

---

① 毛泽东：《中国革命和中国共产党》，载《毛泽东选集》（一卷本），第618页。

以夯土或墼为墙壁的房屋（更甚者以竹木捆绑的窝棚为住房）。然而，也是这种需因陋就简的经济状况，促使一部分农民和手工业工人发展成为娴熟掌握这种木结构技术的专业匠师，进而成为中国古代建筑业的主力。又因这些优秀的具有创造才能的匠人，木结构建筑技术在中国古代具有了最普遍、最广泛的发展基础。这是中国封建社会以农业为主导的自然经济条件下的必然的结果。

社会其他阶层（士绅、商贾等）的房屋必须依靠这些建筑工匠。因为他们掌握着生产资料，并有充足的财富，可以采用最好的木材，要求精细的加工，建造成体量宏大、外形华丽的建筑。尽管他们不直接从事建筑劳动，但他们可以对建筑形式、装饰、设备［、功能］等等提出各种要求。［值得注意的是：春秋战国时期所形成的百家争鸣局面，使得中国文化有了比过去更为丰富的内容，因而对建筑功能、形式等的要求也更为多样。因此，社会其他阶层，如士绅、商贾、官僚、贵族、皇族及宗教界等，在建筑规模、装饰等方面的要求也趋于多样，形成更明确、完整的建筑等级制度，如乡绅、士绅等中等人家会要求自己的建筑多用砖石材料作地基、墙壁、台阶或其他装饰性构件，而贵族、帝王等上层集团则会要求使用更昂贵的建筑材料，雕刻、彩画等装饰的要求也更为考究。但无论规模、建材等或简朴或奢华，始终不能跳出木结构体系，更无意也无法使木结构体系发展成砖石结构体系。］[1] 因此，那些宫殿、坛庙、佛寺建筑，就基本技术说并没有超出民间的范畴，只不过是体量庞大得多、结构形式上更复杂。更明确地说，宫殿等标准高的建筑，如果撇开装饰性的部分，只就木结构技术论，不过是民间结构的扩大和复合，并没有超出木结构的范畴。

然而这绝不是中国古代工匠在砖石结构方面缺乏创造才能。在公元七世纪初，不是就已经创造了当时世界上最先进的赵州大石桥吗？为什么在桥梁方面有如此先进的创造，而不能在房屋建筑方面改变木结构体系呢？恩格斯在《自然辩证法》中指出："科学的发生和发展一开始就是由生产决定的。"[2] 上述情况正表明了桥梁是直接与发展生产有关的，农民、手工业工人乐于为促进生产作出新的创造，也表明在必须使用砖

---

[1] 此处修改颇多，参见初版。
[2] 恩格斯：《自然辩证法》，人民出版社，1971，第162页。

石结构时，他们是愉快胜任的伟大的劳动者。他们的经济状况，使得他们在房屋建筑方面很少想到要使用砖石结构代替木结构，因此也就没有向这一方面发展。只要看封建社会后期用砖券建成的大殿，几乎完全采用了建筑桥梁拱券的方法，就证明了这个情况。

毛泽东曾说，中国"自从脱离奴隶制度进到封建制度以后，其经济、政治、文化的发展，就长期地陷在发展迟缓的状态中"①。这个观点在中国建筑史上可以得到证实：在建筑领域，一方面是形成了一个有高度成就的木结构体系，另一方面是砖石结构在一定领域中也有突出的创造，个别看都有很大发展，然而从整体看，它没有综合应用个别的成就作出整体的全面的改进，不曾使房屋建筑超出木结构的范畴，从这个意义上说发展是极其迟缓的。归根到底，这是由以农业生产为主的自然经济基础和封建社会的生产力、生产关系所决定的。［同时，也应注意到：中国木结构建筑是在特定的历史文化环境中产生的，看似缺少文字记载的匠作（从事这个行业者多为半文盲、文盲），与中国礼制文化关系较远，但实际上是相行相伴的，甚至文义深奥的传统文化典籍中所失传的内容，恰恰蕴含在建筑工匠的伟大创作之中。所以，朱启钤先生在中国营造学社成立之初，提出"沟通儒匠"，其意义就在于如此才能更全面地认识中国文化的真实面貌。］②

第三节　民间木结构技术概况

上文已提到的宫殿、坛庙、佛寺等等为高标准建筑，数量虽少，其建筑形式、结构技术却最高。它反映出中国古代社会所达到的建筑技术和艺术的最高水平，同时又包含着数量最多、最普遍的民间建筑的技术、艺术水平和文化内涵。所以高标准建筑是研究建筑发展史的主要对象，但是高标准建筑的基本技术并没有超出民间的技术范围。

---

① 毛泽东：《中国革命和中国共产党》，载《毛泽东选集》（一卷本），第 618 页。
② 此处系作者补写文字，似乎写于 1993 年前后。

民间木结构技术，是中国古代社会中最广泛、最普遍应用的木结构技术。现今从农村到城市，到处都可见到它所遗留下来的建筑。它们有些是最近数十年内建造的，有些则已有一二百年甚至三四百年的历史，所反映的是中国封建社会后期的技术面貌，是全部封建社会民间建筑技术的最后成果。民间建筑最普遍、数量最多，它的建筑技术是农民、手工业工人所熟习的，蕴藏着丰富的创造发明。尽管它的标准较低，形式可能比较粗糙、简单，但一切高标准的建筑是在这个普遍形式的基础上产生的。

民间木结构建筑以长方形平面的间为单位，每两个横向的屋架用檩条连接起来成为间，每增加一间即增加一个屋架，按照需要可以任意增加间数。一般间广在3～4米左右，柱高略小于间广。屋架跨度6米左右，最大可达12米。其主要结构形式有穿逗和抬梁两类。穿逗屋架以长江流域及其以南地区使用最多，抬梁屋架则以长江以北地区最喜使用。

穿逗屋架以每条檩子下均用柱子承托为原则，所以柱子用得多。柱子之间用穿过柱身的穿方①相联系，组成一个屋架［图版9］。按柱子和穿方的配列方式，可以分为五种形式［插图一］：

第一种，全用落地长柱。每根柱子上用一根檩条，柱子之间用通长穿

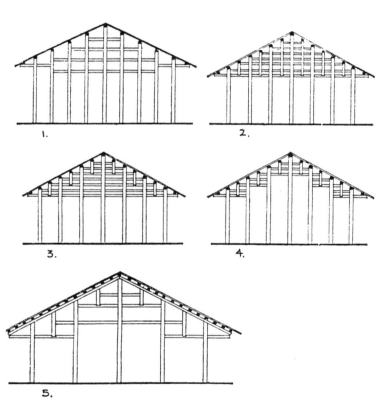

插图一　穿逗屋架（陈明达绘）

———————————

① 此处所言"穿方"之"方"，指宋《营造法式》所记木构建筑中断面为矩形的各种尺寸不一的木材构件，此构件在明清时期写作"枋"。本文第一至五章所述时代为战国至宋元阶段，故采纳《营造法式》用字，写作"方"，如"橑檐方""承椽方""普拍方"等；而第六章所述为明清时期，则采用"枋"字，如"承椽枋"等。特此说明。

方相连。此种方法柱距和檩距相等，一般为 1 米左右。以四川一带使用较多。

第二种，落地长柱与瓜柱相间使用，仍用通长穿方相联系。瓜柱全部又立于最下一根穿方上，因此瓜柱按其使用部位而长短不同。

第三种，长柱、穿方的用法同第二种，而瓜柱均只穿过一方，又立于下一方之上，这样就使全部瓜柱的长度均相等。

第四种，立柱、瓜柱用法同第三种，而穿方只于每两柱之间用短方。

以上三种形式柱距 1.2 米左右，檩距 0.6 米左右，以湖南、广西一带使用较多。

第五种，是在柱上用人字斜梁，檩条放在斜梁上。这样就减少了立柱，柱距 2～3 米，檩距 0.5～0.7 米。但这个形式使用极少，仅偶然一见。

抬梁屋架是用两根立柱支承大梁，梁上又立瓜柱承次梁，层叠至上一梁上立脊瓜柱，檩条安于梁两端［插图二，图版 10］。檩距 1～1.5 米，一般房屋多用四架，即屋架跨度（或大梁跨度）4～6 米。单座建筑尽端（两山）的屋架，都加中柱。如需增加室内的面积或外廊，则另在前、后增加柱子和短梁。

穿逗、抬梁两类屋架的纵向联系完全依赖檩条，或更在檩条下加用方子。檐部大多使用挑梁，挑梁又有各种做法［插图三，图版 11］。屋面可以做成直线，也可以做成曲线。在南方湿热地区屋架高度较大，以便在梁方或柱上加龙骨、地板做成阁楼，既可隔热又可利用为储存杂物的地方。应用这两类屋架只需加高柱子，并在柱子间加用承重梁，安龙骨地板，就可建成楼房。楼房的承重梁也往往悬挑出柱外，扩大楼层面积或做成楼上的走廊。

以上两类屋架是全国普遍应用的形式，尽管由于各地区的气候、材料、生活习惯的不同，有各种各样与之相适应的变化，但结构的基本形式仍不出这两类的范畴。其所以能够如此普遍应用，除了前述各种原因外，还在于在中国古代社会中创造了一套技术标准和传播技术的方式。

各种构架的尺度，如间宽、檩距、跨度、构件截面以及门窗装修，都有一定的规定尺度。这绝不是偶然的现象，而是技术不断提高、分工日益细致以及技术相互交流传授等等互相促进的结果，它最终导致了建筑的标准化。所以标准化是中国封建社会中建筑发展的重大成果。社会生产愈发展，分工愈细致；分工愈细致，就必须要求标准

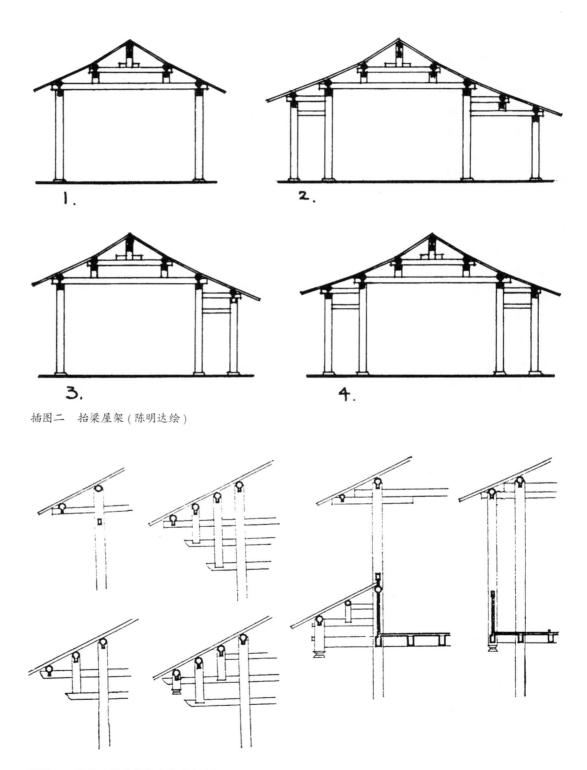

插图二　抬梁屋架（陈明达绘）

插图三　挑檐及吊脚结构（陈明达绘）

化、规格化。例如我国封建社会中出现了生产门窗的专门行业，就表明建筑分工的细密和标准化已达到了切实可行的普遍的程度。

中国封建社会的工匠总结了实践的经验，用歌诀的形式记忆和传授技术，各种尺度、各种构件规格以及施工操作方法等等，都有成套的歌诀。它是一种极易推广传播技术的方法。而形成歌诀的前提条件之一，又必须是标准化、规格化，否则就无法用极简练的歌诀概括复杂的法则。现在还保存着苏州（原注十五）和北京两个地区的比较完整的建筑歌诀①，说明当时虽还没有全国统一的标准，但是肯定已经有了地区性的统一标准。

这些歌诀是一份十分宝贵的古代建筑技术资料，甚至歌诀的形式也是一项巨大的创造。它是农民、手工业工人在文盲、半文盲和缺少文化的条件下，创造出的最巧妙、最恰当的行之有效的形式。

穿逗、抬梁两类屋架的结构形式，只是封建社会时期得到普遍应用和发展的形式，并不是仅有的形式。这只是表明某些传统技术得到普及，是有条件有选择的。在最普遍的房屋建筑中，某些结构方式得到最充分的应用和发展，而另一些传统技术则是在一定条件或一定范围内，才得到应用发展。其中至少有下述各项结构技术也是十分重要的。

井幹是一种很古老的结构形式。在云南晋宁石寨山发掘出的奴隶社会遗址（它的绝对年代相当于汉代）出土了大量铜器（原注十六）。其中有一批铜造的建筑模型和铜器上刻画的建筑图，都表现出井幹结构［插图四之①］。现时在森林地区，仍然使用着这种形式的建筑［插图四之②，图版12］，它大致保持着传统的形式。在某些特定的建筑上也常被应用——如粮仓，但在工艺技巧上有很多的改进，如一般已不用圆木而改用长方形截面的方木或厚木板，结合的榫卯做得极精致，能够随时拆卸拼装等等。

人字架或斜梁是另一古老的传统做法，也仍被继续应用。一般多用于屋面较轻或跨度较小的屋架，用捆绑建造的简易的或竹造的房屋中也是常用的。但是它已经不是

---

① 中国科学院自然科学史研究所：《中国古代建筑技术史》，科学出版社，1985，第58页。又，为保护、研究这些濒临绝迹的非物质文化遗产，陈明达生前曾做过一些努力，如指导井庆升著《清式大木作操作工艺》等。

插图四之① 云南石寨山出土铜器线刻画（陈明达摹绘）

插图四之② 云南马鞍山井幹屋（刘敦桢绘）

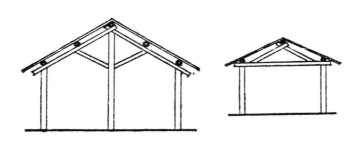

插图五 人字架、三角架（陈明达绘）

简单的人字架了，有些已经加用下弦成为三角架，有些加用相反的人字木成为复合的三角架［插图五］，较好地解决了水平推力的问题。

井幹和人字架在一般房屋建筑中，虽然还保持着一定的位置，显然已不是重要的位置，也没有重大的发展。但是在高标准、大规模的建筑中，井幹和人字架却取得了重大的发展。在斗栱结构的几种重要结构形式中，正是应用了这两种形式，才发展完成了中国古代木结构的特有的形式。在以下各节中，我们将逐步予以阐叙。

还必须提到一种木结构桥梁——现在已经习惯地称为悬臂木桥。这种桥［插图六之①，图版13］的构造方法是按照桥的宽度在河岸两侧密排一层纵向圆木，其上每隔60～100厘米叠垒一根横向圆木，再上又密排一层纵向圆木并使之悬挑出60～70厘米，如此层层挑出，最后在两侧最上挑出的圆木上用一排圆木将两岸连接起来。所以它是应用了井幹和挑梁两种结构原则建造的。这种桥在甘肃、青海、西藏、云南、广西、湖南以及福建，至今还保存很多。可见在一定的条件下，农民、手工业工人对各种结构方式都是善于运用和发展的。这种桥梁起源于何时，是否在奴隶社会时期已经创造出来了，现在还没有可靠的依据。只是从现存实物看，如插图六之①式似乎更加原始些，六之②式肯定是经过改革提高的形式，是封建社会的产物了［插图六之②，图版 14］。这种结构虽然只用于桥梁，但与复杂的斗栱结构似乎不无关系，至少是曾对斗栱结构产生过一定的影响，是应当重视的。

　　总之，在这里可以看到前一阶段所取得的技术成果，在后一阶段是如何被普遍应用的。技术上、功能上继续革新而抛弃了一切繁文缛节，更便于实践、更节省工料、更具有灵活性，也更易于普及。普及是有选择的，不是不加区别地全部普及应用。它之所以能够普及提高，则是农民、手工业工人在长期实践中不断地革新创造，并意识到它的各种优点，能和农业生产的自然经济相适应的结果。普及的最终结果又带来了一个巨大的跃进——标准化，它不仅有利于分工，提高了工作效率，而且使得建筑技术更易于传授推广，从而为把这一门科学推向更高阶段准备了有利条件。

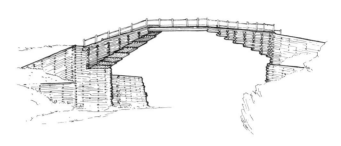

插图六之①　青海木里桥（陈明达绘）

插图六之②　湖南新宁桥（陈明达绘）

第四节　彝族建筑（原注十七）①

　　四川凉山彝族自治州的彝族，在 1949 年时还处于奴隶社会阶段。1950 年春解放，1952 年成立了自治州，1956 年经过民主改革进入社会主义社会。在这里直到现在还保

---

① 本节主要依据原西南工业建筑设计院 1963 年《彝族建筑调查报告》（见作者原注十七）。本书出版后，又有四川凉山彝族自治州建设委员会编《凉山彝族自治州建筑志》（1993 年）可资参考。近年来，奥地利学者克劳斯·茨威格（Klaus Zwerger）也根据本书提供的线索，对这类建筑遗存作长期的实地考察研究，可参阅其近著《凉山彝族民居》（《中国建筑文化遗产》第 20 期）。

留着大量解放以前的建筑，亦即奴隶制社会阶段的建筑。1963 年，原西南工业建筑设计院曾在该州的昭觉、美姑、布拖、越西、喜德等五个县作了详细的调查，为我们提供了可贵的资料。［考虑到彝族与汉族之间的历史渊源，这些资料是我们了解汉族地区早期建筑的重要参考。］

这些平面是长方形的房屋，使用了各种形式的构架，原报告分为栱架、逗架、桁架、纵架和檐架五类［插图七、八，图版 15～17］。栱架、桁架、逗架是横向的主要荷重构架，间或辅以纵架、檐架。其结构方法有如下特点：

其一，木构架是承受荷载的主体结构，墙壁完全不负担荷载，其位置都在檐柱的外侧。一般横架跨度 7 米左右，间广 4 米左右。

其二，使用人字形斜梁［插图七之①］。他们显然已经发现人字形构架的推力使构架不稳定，但是还不知道在人字形梁下端加用下弦构成三角架，而是使用挑梁或纵架克服这一缺点。

其三，极喜欢、极善于运用挑梁（悬臂梁），对挑梁的悬挑作用有深刻理解，以至能完全应用挑梁的做法做成整个构架［插图七之②］。这种构架严格地说已不再是挑梁而是木拱券，唐樊绰描写的南诏大衙门的结构"如蛛网，架空无柱"，似乎就是这一类结构的形式。原报告称之为栱架是极为确切的（原注十八）。

其四，插图七中③⑤两种构架的屋面荷载分布于各立柱［插图七之③⑤］，柱间的横方只起联系柱子的作用，很接近后来的穿逗构架，所不同的是柱顶上仍用人字梁搁檩条。

其五，插图七中构架④［插图七之④］，是通过梁和短柱把荷载逐步传递至最下一根大梁两端的立柱，已经是后来抬梁构架的雏形，只是短柱与梁的结合次序不同。

其六，每座房屋的构架以横架为主（即沿房屋的进深方向），每间左右各用一个横架，增加一间即增加一个横架。横架之间一般用纵向檩条联系，各种横架中，桁架、逗架用于房屋的两山或室内有隔墙的部位，栱架用于室内无隔墙的部位，并在桁架与栱架之间加用纵向的纵架，既加强了构架的纵向联系，又使栱架两端多一根柱子成为双柱，这就减弱了栱架的水平推力，补救了使用栱架的弱点［插图八］。

其七，间广较大时在两个横架之间加用檐架。檐架只用于檐部，它是一种辅助性

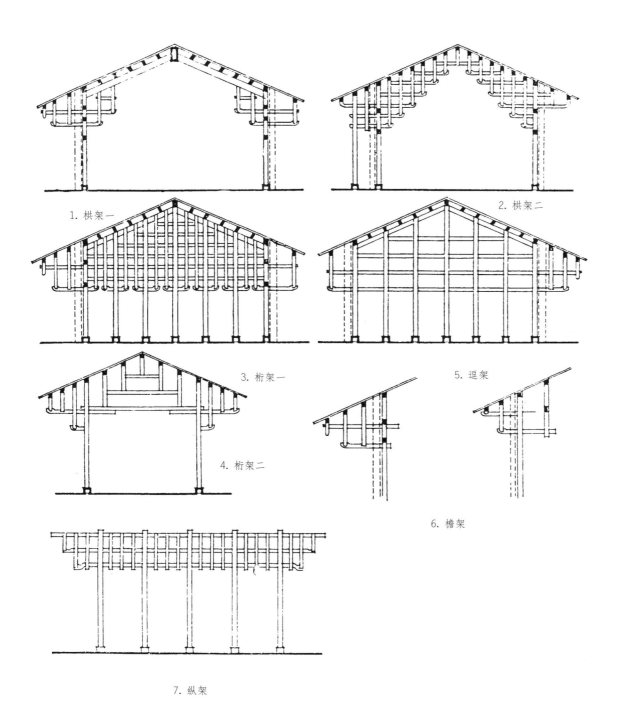

1. 栱架一
2. 栱架二
3. 桁架一
4. 桁架二
5. 逗架
6. 檐架
7. 纵架

插图七　彝族建筑结构形式（陈明达绘）

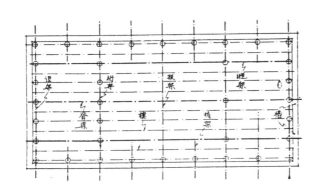

插图八之① 彝族建筑结构平面布置（陈明达绘）

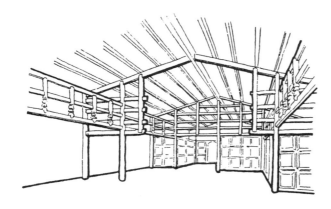

插图八之② 彝族建筑室内结构透视（陈明达绘）

插图八之③ 彝族建筑檐口纵架（陈明达绘）

① 此处修改颇多，参见初版。

横架，用以增强整体强度［插图八］，有时兼有装饰作用。

其八，纵架或用于室外檐口，有很强的装饰性［插图八之③］。

总之，彝族建筑的木构架已经应用了人字斜梁、挑梁、穿逗、抬梁等几种基本的结构方式。他们对各种构架有较深理解，所以能够对整座房屋的构架有全面的安排。在结构上如何配合横架、辅助横梁及纵架，在使用要求上如何配合各种不同形式的横架，均有比较恰当的结构布置方式。

［现有历史典籍中，对彝族的起源与发展历程的记载并不明确，但至迟在汉代其已与中原汉族有所交往，似是可以肯定的。之后，西南地区长期有彝汉两族混居区域。两族文化相互影响，而彝族长时期保留着先祖遗风。我们不能把我们在近现代所看见的彝族社会形态等同于汉族为主的中国历史上的夏商周三代的奴隶制社会形态，但从木结构建筑技术看，彝族建筑也确实保留了一些较原始的特点，很可能是源自上古汉族木结构建筑的遗留痕迹。］① 例如各种构架形式中虽然有接近汉族穿逗、抬梁的形式，却究竟还是不稳定的、不成熟的形式。另一方面，它所有的各种结构原则，如挑梁、穿逗、抬梁等，又都是中国封建社会中所普遍应用的结构原则。它们在技术上有粗、精的区别，在形式上有幼稚、成熟的区别，正表现出继承、发展的

关系。尤其与邻近的汉族地区的木结构技术相比较，原始与成熟的区别更显著。因此，对彝族木结构技术的探讨，确实可以帮助我们推测上古三代（古代中国奴隶制社会）时可能达到的水平，对于我们了解中国封建社会初期可能接受了一些什么样的遗产，在什么样的基础上继续发展，是很有启发的。

其次，它的某些结构特点，还为研究古代奴隶制社会的木结构真相，提供了一些线索和值得思考的问题。例如汉魏时在梁上立人字叉手的三角架的形式，可能是由类似插图七之①的人字架形式发展而成的，可以证明人字架、三角架在古代木结构上是较早的创造。那么汉魏以后大规模、大体量的建筑为什么不再使用三角架呢？为什么它没有继续发展呢？这是很值得研究的问题。又如一些殷、周时期的建筑遗址，柱子布置常常是纵向成行列而横向不成行列，它们是一种什么样的结构形式呢？彝族建筑使用纵架、横架配合的方式，提供了一种解释的线索，可以设想它可能是古代木结构构架常用的形式，甚至纵架是一种更古老的形式，等等。

第五节　建筑技术发展的阶段

中国封建社会自战国初至清代末，经过了二千三百多年。建筑技术在这个漫长时间中，必然形成若干发展阶段。如何划分——正确地说应是如何认识、区别——阶段的问题，是研究建筑发展史的老问题。

历史上朝代的改变，常常是社会政治经济大变革的集中表现，当然也带来了文化、科学技术的变革，因此按朝代划分阶段，是基本的方式。然而也有些改朝换代，只不过是统治者的更换，而并没有对社会政治、经济的发展起什么变革作用。加以在漫长的封建社会中也曾出现过几次分裂，这时往往几个政权各据一方，在时间上则互相交叉，就文化、科学技术看，往往表现为地区性的差别较显著，实质的差别、时代的差别较小。在这种情况下，就不能机械地按朝代划分，必须参照技术发展的实际情况作适当的调整。本文拟将全部封建社会木结构技术发展，划分为五个阶段。

第一个阶段　从战国到西汉末——公元前 475 年到公元 25 年。这个阶段只有一些建筑遗址及间接资料，如燕下都、邯郸、临淄，最近几年发掘的秦都栎阳，西汉时在内蒙古、新疆一带的屯垦城市，西安的几个汉长安大规模建筑遗址以及一些铜器上刻画的建筑图像。奴隶社会末期就已出现的高台建筑，到战国时期大量兴建起来。据各种文献记载和上列遗址，可以明确判断这种高台建筑一般都是规模宏大的、用夯土和木构架相结合的、聚合许多单体建筑在一个台上的建筑形式。直到西汉时虽然已经开始出现多层建筑，但许多规模大的重要的建筑物仍然继续采用高台建筑的形式。由此可见经战国到西汉，建筑技术的发展是迟缓的，虽然已有一些新发展的萌芽，但并没有突破高台建筑的范畴。

［进入封建社会后，虽然新的社会形态促进了全社会生产力的提高，但在许多方面，如手工业、商业范围内，仍然沿袭着旧有的社会形态，与春秋时代相比，技术的发展并未出现质的飞跃。西汉初期，诸侯王等割据势力曾参加或支持叛乱，企图推翻新兴的封建中央集权制度，直到汉武帝时期才将盐、铁、铸钱等重要工商业收归国家专营，新社会关系才得以彻底确立。此后又经过若干年的斗争，才逐步铲除这些旧制度的残余，改变了工商业范围内的生产关系。］①

如上所述，无论从建筑技术本身的现实情况或从当时政治经济背景看，到西汉末年确是技术发展的一个段落。

第二个阶段 从东汉初到南北朝末——公元25年到589年。按朝代说，包括东汉、两晋、十六国、南北朝。这一时期的资料渐渐丰富起来，除了发掘出的建筑遗址和各种间接资料外，还有东汉时期的仿照木结构形式雕成的石阙和大量雕刻、绘画上的描绘真实的建筑图像，南北朝的佛教石窟中有仿照木结构雕凿成的窟廊和许多表现木结构建筑的雕刻，使我们对这一时期中的木结构技术有了比较具体的了解。

从东汉到南北朝末共五百六十余年，其间只有东汉近二百年是一个全国统一的时期，经济、文化有稳定持续的发展。手工业者已经完全摆脱了旧有形态的桎梏，建筑技术取得显著发展。高台建筑已被淘汰，多层建筑迅速发展，说明木结构技术突飞猛进。东汉时期的明器——陶楼，表现出四五层高楼的形式。许多石刻、绘画中也常常

___
① 此处修改颇多，参见初版。

见到三四层高的楼。东汉末此种多层楼的形式，又被应用于建造佛塔，到南北朝时已能建造高达九层的木结构佛塔（原注十九）。

东汉末期，农民不堪封建门阀世族的沉重盘剥，不断地爆发起义。门阀世族又借机组成各种武装集团，各霸一方，使国家长期陷于分裂状态，社会生产受到很大破坏。但各地区受到破坏的程度各有不同，个别地区稍有发展，大部分地区处于停滞状态，少数地区破坏严重，总的形势是极迟缓的发展。因此，东汉以后木结构技术也并无多大发展，只是东汉成就的延续。例如虽然创建了高达九层的木塔，但其结构方法并没有新的创造。东汉时已应用得较多的简单斗栱结构方法，到南北朝时不过是受到佛教带来的外来影响，在艺术加工上有显著的改变，在结构技术上却并没有突出的改革。因此，我们将自东汉起直至南北朝末划为一个阶段。

第三个阶段 从隋初到北宋末——公元 581 年到 1127 年。从这一阶段才开始有了木结构建筑的实例，使我们对古代木结构技术有详细具体的认识，大大丰富了技术史的内容。我国历史上自唐末五代开始直到元代末期之间有辽、西辽、西夏、北宋、南宋、金等朝代，在时间上、地域上，常常互相交错，以朝代划分阶段是极为困难的。幸而现在有了具体的实物，使我们有条件按照技术发展的客观实际划分阶段了。隋代完成了全国的统一，虽然时间不长，却为以后的发展奠定了基础。唐代是我国封建社会经济、文化发展的高峰，我国木结构建筑使用斗栱的巧妙结构方法，在初、盛唐时取得飞跃的发展。这种斗栱结构远非东汉、南北朝的简单斗栱可比，整个这一阶段中的高标准建筑都采用斗栱结构，并且由此创造出一个全新的总体构架形式。到北宋元符三年（公元 1100 年），由政府建筑工程管理机关的将作少监李诫编著了一部《营造法式》，记录下了这种新结构形式——他称这种结构为"殿堂"——及发展到当时的详尽技术规范，使我们可以根据它并和现存实物对照研究，大体上了解从唐代开始到《营造法式》成书时的发展过程。我们试将现存唐代至元代主要实物依时代排列观察，就立即可以发现，十一世纪中期以后的建筑较《营造法式》的记录有显著的差别，反映出开始了一个新的改革。《营造法式》总结了它以前的成就，又推动了一个新的发展，正是技术发展进入新阶段的标志。它成书以后仅 27 年，北宋即覆灭，因此将北宋末（公元 1127 年）划为本阶段终止之年。

第四个阶段 从南宋初到元代末——公元 1127 年到 1368 年。包括西夏、西辽、金、南宋及元代。这一阶段的实物资料更多。略略考察这时的建筑结构状况，便可发现它们有一个共同点，即在一定程度上，在表面现象上保持着《营造法式》所记录的形式，实质上是在探索新的结构方式。形式上是"殿堂"，具体结构方法却已改变，朝着新的方向发展，但还没有定型。

第五个阶段 从明代初至鸦片战争——公元 1368 年到 1840 年，是保存实物最丰富的时期。这一阶段初期的建筑，只在形式上偶然还带有《营造法式》的残迹，而更多地表现出新形式、新结构的形成。明代时全国统一的局面，为生产发展提供了有利条件，带动了手工业、商业的兴盛，成为我国封建社会时期最后一个发展高峰。就是在这样的形势下，木结构建筑技术也在十四世纪末、十五世纪初，又得到了一次飞跃的发展。如北京故宫中许多明代建筑、昌平的长陵等等，就是这一时期的代表作品。到清代雍正十二年（公元 1734 年），曾由政府工程部门编定了《工程做法》一书，记录下了这一新成就的规范。[①] 然而自从十六世纪以后，木结构建筑无论在建筑形式上或结构技术上，只是保持着原来的状况，极少新的改进，成为长期停滞的状态，甚至还有某些倒退现象。这是二千余年长期封建社会最后没落、崩溃的反映吧！

作者原注

一、《河姆渡遗址第一期发掘报告》，《考古学报》1978 年第 1 期。

二、陈梦家：《西周铜器断代》，《考古学报》1955 年第 2 期。

三、《河南偃师二里头遗址发掘简报》，《考古》1965 年第 5 期。

四、《盘龙城一九七四年度田野考古纪要》，《文物》1976 年第 2 期。

五、《陕西岐山凤雏村西周建筑基址发掘简报》，《文物》1979 年第 10 期。

六、《湖北蕲春毛家嘴西周木构建筑》，《考古》1962 年第 1 期。

七、《洛阳烧沟汉墓》，科学出版社，1959 年。

[①] 指清雍正十二年由工部颁布的《工程做法》（共七十四卷），习称《清工部工程做法》。后梁思成于二十世纪三十年代对《清工部工程做法》进行深入研究，著成《清式营造则例》（附图版二十八帧），与另一专文《营造算例》合编一函，学界习称《工部工程做法则例》。

八、《水经注》卷十六《谷水》。

九、郭宝钧:《洛阳西郊汉代居住遗迹》,《考古通讯》1956 年第 1 期。

十、同一。

十一、同六。

十二、江鸿:《盘龙城与商朝的南土》,《文物》1976 年第 2 期。

十三、《魏书》列传第六十七《张熠传》。

十四、《旧唐书·昭宗纪》。

十五、姚承祖原著、张至刚增编、刘敦桢校阅:《营造法源》,建筑工程出版社,1959 年。

十六、《云南晋宁石寨山古墓群发掘报告》,文物出版社,1959 年。

十七、本节引用原西南工业建筑设计院 1963 年《彝族建筑调查报告》,此项资料仅在建筑学会上宣读,散发了油印本,未正式出版。

十八、〔唐〕樊绰《蛮书》卷五记阳苴咩城(今云南大理)南诏大衙门:"至第三重门。门列戟,上有重楼,入门是屏墙。又行一百余步至大厅,阶高丈余。重屋制如蛛网,架空无柱。……"

十九、《后汉书·陶谦传》,《洛阳伽蓝记》卷一《城内　永宁寺》。

第二章 战国—西汉

第一节 高台建筑

台的起源很早，殷代有鹿台，周代有灵台，其详则尚不知。《国语·楚语》记有伍举的一段话："故先王之为台榭也，榭不过讲军实，台不过望氛祥。故榭度于大卒之居，台度于临观之高。"反映了台的最初功能，大致早先是瞭望用的夯土台，其后又在上面建造简单的木结构房屋，作为习武、射箭之用，名为榭，这就是台的雏形。

战国时筑台之风盛极一时，各诸侯国统治者争相筑台，如魏的文台，韩的鸿台，楚的强台即章华之台，齐的路寝之台，都是历史上著名的台。《晏子春秋》记"景公登路寝之台，不能终而息乎陛，愆然作色不说曰：孰为高台，病人之甚也"，《老子》第六十四章"九层之台，起于垒土"，说明台很高，可达九层。《国语·楚语》："楚灵王为章华之台，与伍举升焉，曰：台美夫？对曰：……不闻其以土木之崇高雕镂为美。"则指明台是装饰华丽的建筑。所以古代历史家就已作出"高台榭，美宫室，以鸣得意"（《国语·楚语》）的评语，反映出台必定是当时最高标准的建筑物，极为高大华丽，因此君王权贵们才用以夸耀其权力和财富，"以鸣得意"。

自秦代以来台的记载渐少，宫室的记载却多起来。《史记·秦始皇本纪》："秦每破诸侯，写放其宫室，作之咸阳北阪上。南临渭，自雍门以东至泾渭，殿屋复道，周阁相属。"这里只说宫室殿屋，没有提到台，却新出现了阁。阁就是阁道——高架的道路，它间接表明那许多宫室殿屋都是建造在高台上的，所以才需要用高架道路相联系，以免上下之烦。由此又可证明，到战国后期各诸侯国的宫室大多建于高台上。虽然秦以后的文献不再称此类建筑为台，实质上它是由台发展起来的一个新的建筑类型，是宫室建筑的一种新形式，这就是我们在这里要探讨的高台建筑。现即根据现存战国、秦、汉时代的宫室建筑遗迹及其他形象的资料，对这一建筑类型的结构形式试作推断。

有三件战国铜器上面刻画出建筑图［插图九］：一是上海博物馆收藏的战国铜椭杯，刻画出三个建筑物，其中两个形象完整，都是建在台上的宫室建筑，两侧均有梯级；另两个是河南辉县出土的铜鉴和山西长治出土的铜匜，它们都有残缺，但仍可以看出是两或三层高的宫室，没有梯级而是由平缓的坡道上去。三个图中表示的结构都相同。后两图的下层残缺，屋面做法不详。中层两侧画出一面坡屋面。上层似为四阿屋面，但两侧的屋面檐口低，中部檐口高，两侧柱子矮、细，中部柱子高、粗。柱头都

插图九之① 上海博物馆藏铜椭杯（陈明达摹绘）

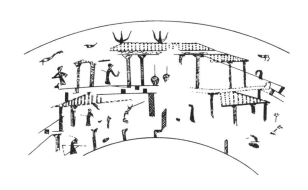

插图九之② 河南辉县出土铜鉴（陈明达摹绘）

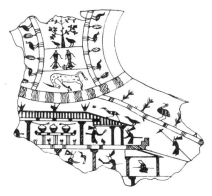

插图九之③ 山西长治出土镏金铜匜（陈明达摹绘）

有栌斗形物，中部两柱上承纵向大梁，梁上画出方子或小梁的断面。上下层的柱子不在一条中线上，可能是上层较下层退后的表示。从中部柱头上刻画的梁方判断，其结构是在纵向构架之上再加排列较密的横向构架，尤以长治铜匜上的刻画表现得更为明确，似可说明使用纵架是这时期结构形式的一个特点。

许多战国时期的古城遗址中大都保存着一些高大的夯土台，如燕下都、赵邯郸、齐临淄等。赵邯郸遗址的小城中轴线上排列着四个夯土台，其中最大一个面积 200 米 ×280 米，高 13.5 米，是分三层的梯级形。经初步试掘，沿着每层周边有柱础遗迹，可以判断台上应是一个宫室建筑群。1975 年在咸阳发掘出的秦始皇时期的宫殿遗址（原注一），保存着更丰富的建筑遗迹，也是建造在梯级形夯土台上的［插图一〇，图版 18、19］。根据这些情况，我们对高台建筑有了比较具体的认识，并且可以和铜器上的线刻画联系起来。1956—1958 年在西安发掘出西汉末年十余处建筑遗址，其中一个被认为是"辟雍"的遗址保存最好（原注二）。它的中心有一直径 62 米的圆形夯土台，高仅 35 厘米，其上又有一个折角方形夯土台，现存最高处 3.2 米。方台上保存着大量建筑遗迹，是一个具有代表性的高台建筑遗址。可见直到西汉末年，大规模的建筑如宫室、辟雍、太庙等等，仍然是建造在巨大的夯土台上。它们可能具有不同的外形，其结构方式则是相同的。

但是，使我们困惑的是，"辟雍"一类遗址中心建筑的平面与铜器线刻画的形象还难以完全结合起来，这只能由遗址的复原研究来解答。遗憾的是完全的复原现在还不可能，因为除了平面遗迹外，其上部结构毫无痕迹可寻，也没有发掘到与之有关的遗物，现在只能根据平面先作出力求符合各种现象的原状推测［插图一一］。

这个建筑四周的柱子排列大体是对称的，以西面最完整。最外一排柱子表

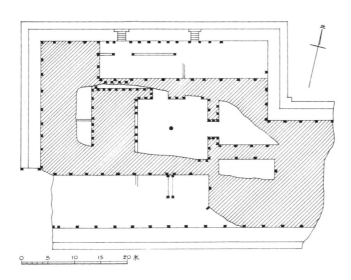

插图一〇　咸阳宫殿遗址平面（陈明达摹绘）

明"前厦"八间，每间间广约 3 米，后排柱子较前排多出一倍以上，前厦之后是"厅"，由内柱排列判断是三间，间广约 5 米，它的后排柱子也多出一倍。而所有转角处都使用双柱，有几处甚至是三柱、四柱。据前厦外转角用双柱判断，应是纵横两面构架各自使用自己的柱子，由此进一步推测所有的构架可能都是各自使用自己的柱子，不使一根柱子同时承担两个方向不同或不属于同一个单体建筑物的构架。如按照这个原则在平面上画出结构布置图，即可看到凡是两个互相紧靠着的建筑都有各自的柱子，从而可知在整个夯土台上的建筑是由互

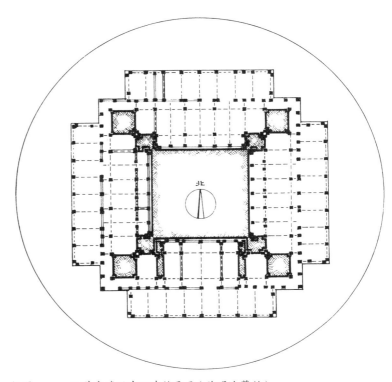

插图一一　汉辟雍遗址中心建筑平面（陈明达摹绘）

相紧靠在一起的一群单体建筑组成的。所以，这处中心建筑的平面布置是：四角分别是各有两个包以木结构外廊的、多层屋檐的夯土墩；四面中部前面是四个敞厦，后面在两角第一个夯土墩之间是两层高的厅堂；再后在两角第二个夯土墩之间可能还有一个厅堂，立面上则应表现为第三层；最上在中心可能是一个方形或圆形的大厅。

由许多单体建筑聚合在一个阶梯形夯土台上，是高台建筑的最大特征。前述铜器上的建筑图像两侧屋面低，可能就是表示两侧和中部是分别的、单独的建筑物。这种形式在时代稍晚的东汉武梁祠和孝堂山画像石上都更加明确地表现出来[插图一二]。当然它们是经过艺术概括的表现，不是建筑图，需从艺术的角度去理解。如武梁祠画像石所表现的是一个正面图，孝堂山画像石则是一个立面展开图。

根据上述各项推测可以得出一个初步概念：这一时期建造大面积、大体量的建筑，是采用将它划分成若干小面积建筑的方式以解决结构问题的。这样做就能够用跨度小、结构简易的构架，也许只需将一般穿逗、抬梁构架稍加改进，便可胜任。然而又产生

了中心部分的采光通风问题，于是利用梯级形的夯土台使中心部分高于外围部分，这就形成了高台建筑的外形。具体构架形式虽无法肯定，但从前述辟雍遗址柱子排列形式及铜器上的建筑画等推测，很可能是在沿建筑物外围的柱头上使用纵架，其上再加横架的形式。最后还应指出，在某些部位，还可能利用夯土墩取得整个结构的稳定性，或由夯土台分担部分荷载。严格地说，高台建筑是土木混合结构。

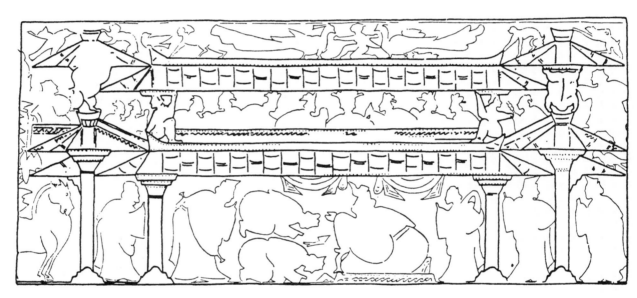

插图一二之① 武梁祠画像石——斑祠后壁（陈明达摹绘）

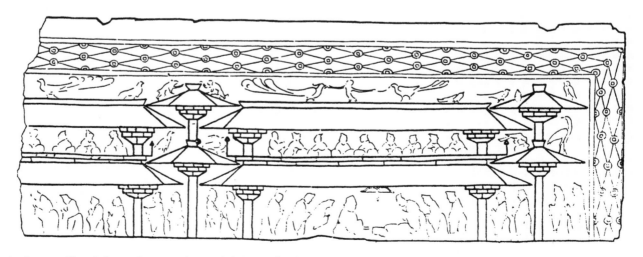

插图一二之② 孝堂山画像石——东间北壁（陈明达摹绘）

第二节　栈道及桥

中国封建社会初期曾是一个生气勃勃的时代。政治上取得统治地位的新兴地主阶级在经济上注意开辟土地、发展农业生产，并带动了商业、手工业的发展。兴修水利、开辟道路、修造桥梁是与之相配合的建设性措施，符合包括广大农民、手工业工人在内的全社会的利益。秦在公元前三世纪为了开发四川，修筑了栈道和都江堰，使生产发展、经济充裕，为统一全国取得了稳固的基础。当时蔡泽就说过"栈道千里，通于蜀汉，使天下皆畏秦"（原注三）。以后继续创修了巴蜀的栈道，到西汉初已有嘉陵道（故道）、褒斜道、灙骆道、子午道四条通路。直到东汉时，巴蜀始终是当时的重要经济基地，所以有"自建武至乎中平（公元 25—189 年）垂二百载，府盈西南之货，朝多华岷之士矣"（原注四）的说法。足见栈道对于当时的政治、经济起了重要作用。栈道又称为阁道、桥阁或简称为阁，是依山傍崖用木柱梁架设成的道路。

道路、桥梁与农业生产的关系极为密切，它是社会生产所必需的产物。自周秦以来，从事农耕或手工业生产的先民们在长期实践中积累了丰富的木结构技术经验。尽管平时在农业生产中所建造的道路桥梁可能是小规模的、简单的，但是在国家投入大量资金兴建大规模工程时，他们就能够应用积累起来的经验，进一步发挥其创造才能，完成艰巨的伟大的工程。所以长期大规模的栈道桥梁工程，自然而然地促进了木结构技术的进步，同时也为后来大规模、大体量的宫室建筑准备了技术条件，在木结构技术史上具有重要的意义。

战国、西汉的栈道形式及结构没有留下文献记载，自东汉以来文献渐多。永平六年（公元 63 年）《开通碑》记褒斜道有"桥阁三十二间，大桥五，为道二百五十八里"。建宁三年（公元 170 年）《郙阁颂》说"缘崖凿石，处隐定柱，临深长渊，三百余丈，接木相连，号为万柱"。都可以看出栈道是复杂艰巨的工程，除了大量土石方工程外，还有桥阁、大桥等木结构工程。北魏永平二年（公元 509 年）《石门颂》曾记录"阁广四丈，路广六丈"。魏尺四丈约合今 11.2 米，至少可以并行五车，长三百余丈则达 900 米以上，"接木相连"可见工程之浩大。它的做法据《水经注》，是"其阁梁一头入山腹，一头立柱于水中"，可见"号为万柱"是据实描述的。虽然这都是东汉以来的状况，但是由秦开巴蜀道的目的以及西汉初年军事战争中涉及栈道的记载看来，可以肯定早期栈道也是通行车马的大道。那么这种栈道其实是依崖而建的木结构半桥，其结构方法、荷载力基本上和木结构桥梁相同，只是大梁的一端插入山崖中，简省了一部分柱子。

记载桥梁的文献较多，最具体的是《三辅黄图》记秦都咸阳渭河上的横桥："引渭水灌都以象天汉，横桥南渡以法牵牛。桥广六丈，南北二百八十步，六十八间，八百五十柱，二百一十二梁。桥之南北堤缴立石柱。"又据《水经注》："桥广六丈，南北三百八十步，六十八间，七百五十柱，百二十二梁。"那么桥广约合 13.86 米，长 388.08 米或 526.68 米，这些数字是否可靠尚难肯定，但可确信它是个规模相当大的木结构桥。所记柱梁是如何分布的，两记数字不同，又与间数不相应，尚难肯定，但参照东汉时画像砖石及壁画上的桥梁［插图一三］推测，大致是每间立一排木柱，柱头上用横梁，横梁上又密排纵梁。如按和林壁画的表示，纵梁下还有层叠的挑梁（或斗拱？）（原注五），纵梁上铺厚木板，或更加填土及卵石面。简言之，它是用成排的柱子组成排架作为桥墩，上面用层叠的悬臂梁或单梁构成桥身、桥面。照此看来，渭河横桥每间可能由十一或十二根柱组成一个排架，六十八间按总长平均每间跨度约 7~9 米，则应是

插图一三之① 成都画像砖

插图一三之② 沂南汉墓画像石

使用层叠的挑梁，这是当时可能做出的木结构桥形式。由此又可推测栈道的结构形式，大致也与此相近似。这种木柱桥现时已无遗物，而陕西、河北等地现存的石轴柱桥[插图一四，图版20]，尚留有此种桥的残余痕迹，只是以石轴柱代替了原先的木柱。

插图一三之③　和林格尔汉墓壁画之渭水桥

第三节　楼阁

前引《史记·秦始皇本纪》"殿屋复道，周阁相属"，已经提到了阁。此外如《三辅黄图》记西汉宫室建筑，有汉武帝"作建章宫，度为千门万户。宫在未央宫西长安城外，……乃于宫西跨城池，作飞阁通建章宫，构辇道以上下""井幹楼高五十丈""未央宫有麒麟阁、天禄阁"等等。

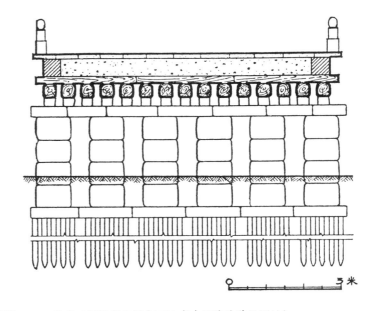

插图一四　西安旧灞桥断面图（1933年中国营造学社测绘）

阁或飞阁，即是利用高架的阁道以为宫室之间的通路，其高足以越城，其长可以跨池，就形象地描述出阁道的作用。当然它是直接应用了栈道桥梁的结构技术。而所谓麒麟阁、天禄阁，则可能是一种单独的房屋建筑，结构形式是由阁道派生的，只是由长桥形的道变为方形或长方形平面的房屋建筑，在外形上或许有较多的艺术加工。从此它成为一个新的建筑类型被长期应用着，发展到宋代时，已和楼没有区别了。

至于井幹楼，在《汉书·郊祀志》中有较详细的记载："立神明台、井幹楼高五十丈，辇道相属焉。"颜师古注曰："井幹楼积木而高，为楼若井幹之形也。井幹者，井上木栏也，其形或四角或八角。张衡《西京赋》云'井幹叠而百层'即谓此楼也。"则此种井幹结构实是一种早已有之的传统方法，只是扩大了规模，由一般房屋的高度增加到五十丈高。五十丈也可能是夸张之词，但一定是大为超过了一般房屋，并且给予了一定的艺术处理。所以《盐铁论》说"今富者井幹增梁"，表明它曾被富有者们大量应用。

还有另一种楼或重屋，在防御建筑和商业建筑中发展起来了，前者是城楼，后者是市楼。也见于《三辅黄图》："天凤三年，霸城门灾……长安城东出第二门曰清明门……《汉书》'平帝元始四年，东风吹屋瓦且尽'，即此门也。"既然发生火灾，又有屋瓦，可见城门都是有城楼的。近年长沙马王堆出土的驻军图中所绘的箭道城（原注六），是一个平面三角形的城，画出了两层高的城楼，并且还有角楼。又同书记："夹横桥大道，市楼皆重屋。又曰，旗亭楼在杜门大道南。又有当市楼，有令署以察商贾货财买卖贸易之事。"由此看来，市楼是商业性建筑，重屋则至少是两层高。横桥大道两侧都是市楼重屋，可见已是商业建筑的普遍形式，是由城市商业发展而产生的。其结构形式现时还不得其详，证以后来的楼房建筑，可能还是穿逗或抬梁构架的形式。

总之，无论是宫室建筑或民间建筑，此时都已开始向多层发展，为下一时期高层结构技术作了普遍的准备。

第四节　战国至西汉木结构建筑技术发展的估计

高台建筑提出了大面积、大体量建筑的从设计到结构、施工的全面课题。此时只是应用传统的技术，在平面、高度的配合方式上求得了解决，即将若干较小的单体建筑聚合组织在一个夯土台上，取得较大的体量，并为了解决中心部分的采光通风问题，将夯土台筑成梯级形。这就出现了一个外观似乎是多层建筑的立面，成为建筑形式的一大创造，成为一个新的建筑类型。这个形式在以后唐、宋时期曾得到进一步发展，创造出许多优美的建筑，直到今天还保存完好的建于十五世纪初的北京故宫紫禁城角楼，就是脱胎于此种形式的晚期创作。但是直到本时期末，才确实创造出了多层建筑

"阁"和"楼"。

在我国建筑发展的全部过程中，房屋建筑的面积体量日益增大，在结构上表现为间广、主梁跨度日益加大以及构架形式的改进等等，都意味着材料力学和木结构技术的发展、提高。看来栈道、桥梁工程等曾对此起了较大的促进作用。在民间普遍的小规模的房屋建筑中，要取得这方面的实践经验是比较困难的，只有大规模建造直接为社会生产服务的栈道桥梁，才需要有较大的跨度和较强的荷载能力，还要估计到一些意外的、可能增加的荷载而创造出能保证安全的结构。在长期实践中必然会提高对木材性能的认识，积累起丰富的经验，甚至在一定程度上会提高到理论的程度，为以后的建筑发展作出贡献。在后一阶段中出现的斗栱结构方式，既为井干结构的发展，在某些方面又应与木结构桥梁的排架、挑梁有继承和发展的关系。至于将栈道的形式应用于宫室建筑，又从而发展出阁这一新的建筑类型，更是桥梁栈道对房屋建筑的直接影响。

随着商业发展而出现的市楼，是高层建筑普遍发展的第一个现象。应当注意这个新现象仍然是由于农业、手工业的发展即社会生产的发展而出现的。

木结构构件的相互结合，仍然不会超出榫卯的范围，但榫卯做法本身取得了极丰富多彩的新成就。我们从战国时期的棺椁榫卯看［插图一五］，已经具备了各种结合形式，极为精巧，足以解决各种木结构构件相互结合的要求了。虽然这是手工业小木作的创造，也必然会被房屋建筑中的大木作所采用。它是当时一般水平的集中反映。

最后读一读韩非子说的一个故事。《韩非子·外储说左上》第三十二："虞庆为屋，谓匠人曰：'屋太尊。'匠人对曰：'此新屋也，涂濡而椽生。夫濡涂重而生椽挠，以挠椽任重涂，此宜卑。'虞庆曰：'不然，更日久，则涂干而椽燥。涂干则轻，椽燥则直，以直椽任轻涂，此益尊。'匠人诎，为之而屋坏。一曰，虞庆将为屋，匠人曰：'材生而涂濡，夫材生则挠，涂濡则重，以挠任重，今虽成，久必坏。'虞庆曰：'材干则直，涂干则轻，今诚得干，日以轻直，虽久，必不坏。'匠人诎，作之成，有间，屋果坏。"[①] 这两个对话哪一个对，大概韩非子很难确定，所以都记录下来。看来很可能是一

---

① 《韩非子集解》，载《诸子集成（五）》，上海书店影印，1986，第 203 页。

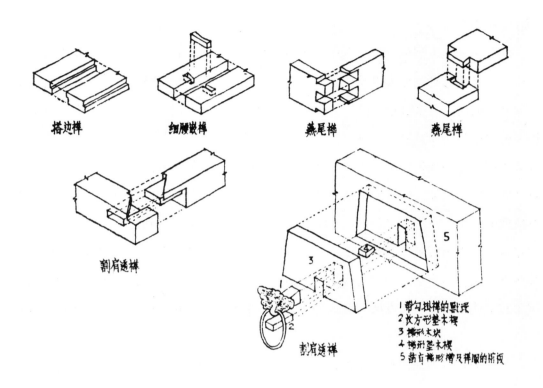

搭边榫　　细腰嵌榫　　燕尾榫　　燕尾榫

割肩透榫　　割肩透榫

1 带勾挂榫的铺首
2 长方形整木棍
3 搭扣木块
4 楔形整木棍
5 断面梯形带凸榫眼的柄顶

插图一五　战国木结构榫卯（陈明达绘）

次对话时两个旁听的人各记了半段，变成了两个不同意见。试将两段原文的次序颠倒过来看，就可以解释为：虞庆要盖房子，木料是新砍伐的生材，匠人说木材不干，加上新抹的湿屋面，生椽易下弯，盖起来不久就会坏的。虞庆一定要盖。匠人只好将屋顶举折计算得高一些，虞庆又指责说屋顶太高了。匠人说椽子是生材，新抹的湿屋面又很重，做成后会压低的。虞庆说，不对，椽子干后就直了，屋面干后也会变轻，将来会变得更高的。匠人只好照他的话做，后来果然压坏了。这样的解释对不对，也还是问题，好在不是我们研究的主题，重要的是：由此对话可以看出当时匠人对木材干湿和它在荷重后的变化已很注意，而且有一定的理论，是建筑施工之前必须注意的问题之一。战国时期是一个百家争鸣、科学文化大发展的时期，对于建筑技术很可能已有一套实用的理论，可惜这类记载极为稀少，未能将当时的成就保存下来。

作者原注

一、《秦都咸阳第一号宫殿建筑遗址简报》,《文物》1976 年第 11 期。

二、刘致平:《西安西北郊古代建筑遗址勘查初记》,《文物参考资料》1957 年第 3 期。

三、《史记》卷七十九《蔡泽列传》。

四、《华阳国志》卷五《公孙述刘二牧志》。

五、罗哲文:《和林格尔汉墓壁画中所见的一些古建筑》,《文物》1974 年第 1 期。

六、《马王堆三号汉墓出土驻军图整理简报》,《文物》1976 年第 1 期。

第三章　东汉—南北朝

第一节　各种木结构形式

大量的雕刻、绘画以及仿真木结构的石雕建筑，使我们对古代建筑有了形象的、较具体的认识，而不必再过多地依赖那些抽象的、含义不明的文字记载了。现在先根据现有资料归纳为几种结构形式。

一、一般构架

这是指数量最多的住宅等类规模较小的建筑。它们大多是悬山屋顶，往往在它的山面清楚地刻画出木结构的形象。大量东汉明器陶屋上普遍地表示出穿逗或抬梁构架形式，山面构架多加用中柱，跨度二或四椽。插图一六之①中的一个三间厅堂，还画出了用挑梁或栱挑出屋檐的结构，四椽梁上用两个短柱承平梁，平梁之上无蜀柱，很可能是使用了三角屋架。三角屋架是本时期内普遍应用的形式之一，如东汉初的朱鲔石室就刻画出了三角屋架，另一个北朝石刻画上的两个三间屋［插图一六之④］，山尖下都刻画出三角架。插图一六之③下方一排廊屋的大门右侧屋檐下，刻出四个梁头，它们都不在柱头上，而是放在纵向的大额方上，仍然保持着使用纵架横架相重叠的传统习惯。凡此，都说明这一时期一般房屋建筑的构架使用穿逗、抬梁、三角架、纵架和挑梁出檐等结构形式，都是传统做法的继续应用。而插图一六之①②③均可看到在外围柱间使用横方。虽然也可理解为安装门窗或编竹墙的构件，但只要注意到插图一六之①不但加用横方，还在横方上加用了一根短柱，就确实证明是加强结构的措施。这种加强使得全部外围柱子联成一个整体框架，较之各个独立的柱子要安全稳定得多。

插图一六之① 成都画像
砖之房屋

插图一六之② 德阳画像砖之房屋

插图一六之③ 沂南汉墓画像石

插图一六之④ 孝子棺线刻画

因此，也无须在转角处使用双柱了。这种做法，很可能是本时期内的一项新改进。

二、厅堂构架

这里所说的厅堂是指规模体量较大的房屋建筑。它们多为四阿或歇山屋顶，可以推想也必然有与之相适应的构架，从外观上虽然看不出构架形式，但按其柱子数量和排列形式，大概多是应用抬梁构架，而不用穿逗构架。屋面以下的结构大致可分为三种方式。

第一种如插图一七之①，在柱上用斗栱承檐方及横梁。以在山东、四川的东汉墓中发现较多，均为石雕，柱高一般均2米左右，仿真木结构很真实。斗栱比例很大，都是在栌斗上用一只栱，栱两端各用一只小斗。其结合方式亦有多种：四川彭山第355号崖墓墓门〔插图一七之④，图版24〕，栌斗上用曲栱，檐方由栱端小斗承托叠压于栱上，中部雕出一个方头。由另一墓——第460号墓的柱栱〔插图一七之②，图版22〕，可以看出这种方头。是栌斗上横向短栱的出头。此短栱里端亦用小斗，应为承托横梁或横架的构件。彭山第530号崖墓石柱上是转角斗栱〔插图一七之③，图版23〕，它由两

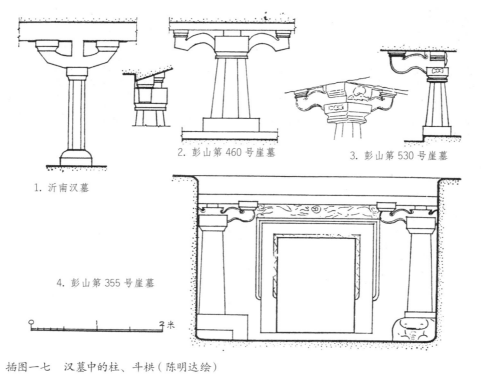

插图一七　汉墓中的柱、斗栱（陈明达绘）

个"半栱"交叠而成，转角斜缝上不用角栱或角梁。还有山东沂南汉墓［插图一七之①］内石柱栱上更有替木的表示。这些实例，使我们了解到东汉时柱、栱、梁、方相结合的各种方式［图版21～25］。

第二种是在柱头上用斗栱承通连数间的纵架。四川宜宾黄伞溪崖墓外廊是雕凿最好的一例［插图一八之①，图版25］，它的纵架是由柱额斗栱上的大额方、斗栱和上面的檐方组成的。特别是它在檐方上还雕出了一排方头或梁头，按其尺度、排列密度以及与上面的瓦当的比例关系，如果它表示的是椽头，则过大而稀少，所以可能是表示梁头，反映出它的内部应是用截面较小的材料做成较密集的横梁或横架，或者是层叠的方木。

第三种方式出现较后，似乎是由第二种改进而来的。它与前者的差别，只在于将纵架下的额方位置下移至柱头之间，将柱子直接连接起来，而又使得柱头斗栱直接置于柱头之上，而不是在额之上，使纵架和檐柱的联系更加密切［插图一八之②］。

这三种结构方式到本阶段后期时，前一种使用较少，后两种使用较多。如在云冈、龙门、麦积山、天龙山等石窟中经常可见［插图一九］，尤以天龙山第16窟窟廊作于公元560年，极其忠实地雕凿出了木结构形象。以之与黄伞溪崖墓外廊相较，其结构方式是一致的，只是艺术加工显然精致得多。

插图一八之①　四川宜宾黄伞溪崖墓（陈明达绘）

插图一八之②　江苏睢宁汉画像石之厅堂

三、阙的结构①

自周代以来就有阙的记载，那时的阙是什么形状、如何构造的，现时还不知其详。《史记》记西汉"营未央宫，立东阙、北阙"。武帝时作建章宫，"其东则凤阙高二十余丈"。《水经注》记此阙高七丈五尺，就算是七丈五尺，也要合20米左右，是相当高大的。据近年来西安发掘的几处西汉城门遗址及西汉末期的大建筑群遗址看来，那时的阙似乎是在夯土筑成的墩台外面包以木骨架、木屋檐。

东汉石阙保存至今的有三十处，还有大量画像砖石上刻画的阙，绝大多数都忠实地表现出木结构形式，是研究东汉木结构技术最可靠的依据。

冯焕石阙［插图二〇之①］，阙身表现为两层，下层正面三柱，侧面二柱，柱头有额方，柱脚有地栿。柱头上用栌斗承托三层重叠的方

插图一九之①　云冈石窟之厅堂

插图一九之②　龙门石窟之厅堂

插图一九之③　天龙山石窟之厅堂

---

① 此节参阅本书第一卷《汉代的石阙》一文。

木，每层方木均各向外挑出少许，下两层是纵横相交平面成方格状，上一层只沿周边各用一条方木。此上为一块雕有几何图案的厚石块，可能表示着第二层阙身是很矮的阁楼，其上又有用挑梁或华栱挑出的斗栱，最上是单檐四阿屋顶。参照同类石阙如渠县无铭阙［插图二〇之②］上层华栱之下还有短柱，那么可以肯定是第二层阙身的柱子，它是立于层叠的方木之上的。再上，在椽子下面有一条檐方，而在高颐、绵阳等石阙上，这位置也表现为纵横相交的方木，应该也是当时通用的一种做法。高颐阙［插图二〇之③］的屋顶表现为重檐形式，并且还保存了完整的基座。座的外表雕成短柱、栌斗上用方木的形象，推测它的内部应是由成排方木交叉层叠，阙身柱子即叉立于方木之上。可见当时木结构建筑的基座，也有用木构架方式的。

插图二〇之①　渠县冯焕阙（陈明达摄）

插图二〇之②　渠县无铭阙（陈明达摄）

插图二〇之③　雅安高颐阙（陈明达摄）

插图二一之① 成都画像砖之阙门

插图二一之② 敦煌第 275 窟之阙龛

插图一六之①成都出土画像砖所画的傍院中，有个外形和阙完全相同的建筑物。它既位置在院内，当然不是作为大门的阙，也可能是观或阁，不过这对于研究结构无关紧要。此阙共为三层，上层是重檐四阿顶，下层门内刻画出楼梯，中层两面均有窗。下层、中层柱头上均刻出层叠的方木，表示出楼层的结构。同时还可以辨明带有斗栱的那一层，是比较低矮的阁楼。下层柱子极显著地向内倾斜，可以证明侧脚方法在东汉时已是普遍应用的方法。

另一个成都出土的画像砖［插图二一之①］，画出带有子阙的双阙，均为单檐四阿顶，两阙之间以单檐屋顶的门屋相连。结构形式表现得比较粗略，但两层檐身均于柱头上认真地刻画出了层叠的方木，而且正阙下层方木多达五层，所以下层檐下

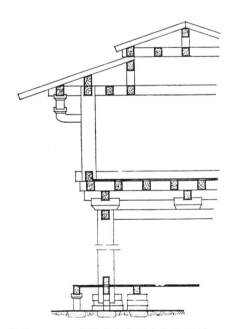
插图二二 汉阙结构想象图（陈明达绘）

也是一个阁楼，连同上檐的阁楼，此阙共为三层。在当中门屋上，也刻画出两层的方木，按其表现方式，是一个长条形的阁楼，是可以通达双阙下层阁楼的通路。

综上所述，阙的结构特点是柱上使用纵横相叠的方木，柱子已有显著的侧脚。这

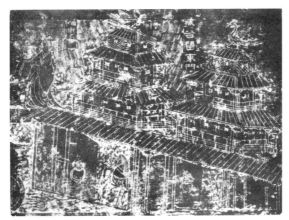

插图二三之① 东汉画像石函谷关图之楼阁石之楼阁

插图二三之② 东汉沂南画像石之楼阁

插图二三之③ 东汉铜山画像石之楼阁

些阙的形式是如此一致，使我们只能认为它确实是反映了当时的真实面貌，并可据以拟订出阙的结构图［插图二二］。而且直到北魏时，壁画中虽曾有高达四层的阙，但其结构仍然未变。如敦煌石窟中许多北魏壁画及泥塑的阙，它们都极认真地在屋面或斗栱下面表示出层叠的方木［插图二一之②］。可见在这一时期中它始终是结构上的重要部分，它很可能是由井干结构发展出来的。

四、楼阁

楼阁是画像石上常见的题材之一，还有许多明器陶楼，实际是制作精细的模型［插图二四］。这些资料中的楼阁最高有五层，都很仔细地表现出自下至上逐层收小减低的形象。其中只有函谷关东门图的下三层刻画出外廊［插图二三之①］，其他各例都没有外廊。这些楼应用屋檐和平坐的方式变化较多，有逐层均用屋檐及平坐、逐层只用屋檐不用平坐或逐层相间用屋檐或平坐等等形式。平坐做法，多数系直接与下层屋檐相接，少数平坐下有斗栱承托。

画像石上刻画的楼阁虽多，但能表现出结构的却很少。只有沂南汉墓画像石［插图二三之②］中有一个阙门和一个仓屋，画出了纵横层叠的方木上竖立上层柱子，与石阙表现的结构相同。还有铜山的一块残画像石［插图二三之③］，保留着楼层的一角，那是用下层柱承托着上层大梁，上层柱立于大梁上，但是极可能仍然是层叠方木的做法，而被作画者所简化概括了的形象。

明器陶楼所表示出的屋檐下和少数平坐下使用斗栱承托，提供了一些斗栱结构形式。除了少数用华栱如函谷关［插图二三之①］外，大

插图二四之① 河北望都出土之陶楼　　插图二四之② 河南陕县出土之陶楼　　插图二四之③ 河南出土之陶楼

多数是在挑梁上用斗栱。有一斗三升斗栱，有一斗三升上加替木，有重栱上加替木，但都只有一跳，挑梁都特别硕大。转角做法多是两面各出一挑梁。只有那个阁楼［插图二四之③］在转角出一个 45° 挑梁，梁头上又加一条正交的大方木，再于此方木两端各用一个一斗二升斗栱，是较少见的转角做法。

五、塔

　　塔是随着佛教传入出现的宗教建筑，东汉末即有建塔的记载。《后汉书·陶谦传》记笮融"大起浮图寺，上累金盘，下为重楼"（原注一），其时当在公元 184—193 年之间。它的形式只是在重楼上加累金盘，仍是传统的木结构形式，与印度的塔全然不同。以后又有北魏在洛阳建造的九层木塔，我们将另作讨论。云冈石窟第 21 窟的塔柱［插图二五］，是北魏时期石窟雕刻、壁画中最真实地表现了木结构形式的塔。这座五层方塔，每

插图二五　云冈石窟中的塔柱

层都是五间，逐层的间广、层高均小于下一层。每面用六根方柱，上三层柱头雕有栌斗，下两层没有，可能是雕刻时所省略。栌斗上不用出跳栱，直接承托大额方。方上于柱头位置用一斗三升栱，每间中部用人字栱，角柱上每面只用半只栱，其上便是檐方、椽子。各层都是在下一层屋脊之上便雕出上一层柱子，没有平坐。

根据上述外观形象，可对它的结构作如下推测。檐下方栱结构与前述黄伞溪汉墓基本相同，应属纵架形式，所以，在塔身之内至少还应有一周纵架。塔身最上一层即在纵架上用横架承屋面，其他各层可能是在纵架上用纵横相叠的三至五层方木，以承上一层柱子并铺楼面板。由于塔身每两层之间需做屋面，上层柱位必须较下层柱收进较多，才便于安椽子，因此，上层柱只能采取叉立于层叠的方木之上的方法。这也是在东汉楼阙上已经看到的传统做法。

第二节　关于北魏洛阳永宁寺九层塔

北魏熙平元年（公元 516 年）于洛阳永宁寺建九层塔，其规模、高度均见于文献。近年又发掘出它的遗址（原注二），取得平面布置及一些具体尺度。虽然还远不能据以作出复原图，但对于探讨它的形式、结构，多少增加了一点依据，使我们可以试作一点估计，以便对这个历史上著名的高层建筑有稍微具体的印象。

现在先节录两种文献记载。

《洛阳伽蓝记》卷一："中有九层浮图一所，架木为之。举高九十丈，有刹复高十丈，合去地一千尺。去京师百里，已遥见之。……刹上有金宝瓶，容二十五石。宝瓶下有承露金盘三十重，周匝皆垂金铎，复有铁锁四道，引刹向浮图四角。……浮图有九级，角角皆悬金铎，合上下有一百二十铎。浮图有四面，面有三户六窗，户皆朱漆，扉上有五行金钉，合有五千四百枚，复有金环铺首。……"

又《水经注》卷十六《谷水》："有永宁寺，熙平中始创也。作九层浮图，浮图下基方十四丈，自金露盘下至地四十九丈。取法代都七级而又高广之。"

北魏木塔外形，除前述云冈第 21 窟塔柱外，还有许多浮雕塔，敦煌石窟壁画中也描绘了不少寺塔。它们的共同特点是从下至上逐层递减间广和柱高，而间数不减，每层有屋面无平坐。《洛阳伽蓝记》称"面有三户六窗，户皆朱漆，扉上有五行金钉，合有五千四百枚"，按每面三户、每扉五行、行五枚计，四面共有金钉六百枚，九层共合为五千四百枚，可知"三户六窗"每层皆同。又"浮图有九级，角角皆悬金铎"，则可断定每层均有屋檐。因此估计其整体外形约与云冈第21窟塔柱相似。

据发掘简报（原注三），遗址有如下要点：在今地表以下0.5～1米，有夯土基座，东西广101米，南北宽约98米，厚（高）在2.5米以上。表面是一层坚硬的三合土。在这个基座的上面中心部位，又筑有夯土台基，长、宽均为38.2米，高2.2米，四面均用青石垒砌包边，表面也是一层坚硬的三合土。在此层塔基上有124个方形柱础，分作五圈排列，成四方形网格式：

最内一圈为16个，平面成正方形，四角各布4个，形成一个坚实的中心柱网。

第二圈为12个，每面平均布置4个。

第三圈为20个，每面平均布置6个。

第四圈为28个，每面平均布置8个。

第五圈"……由48个组成，每面实际布置各10个，四角的两个木柱相交处，其内角与外角各增置一个木柱"。柱间发现有残墙基，墙体厚1.1米，残高20～30厘米。

第四圈"木柱以内，筑有一座土坯垒砌的方形实心体，长、宽约为20米，残高3.6米"。"在土坯垒砌的方形实心体的东西南三面壁上，各保存着五座弧形的壁龛遗迹。这种壁龛均设置在两柱之间，宽1.8米，进深20～30厘米。……在土坯实心体的北壁未见这种弧形龛，却遗留有20厘米见方的木柱残迹……这些小柱，应当是支架木梯的立柱。"

根据上述情况，我们可以画出一个平面图［插图二六］。上层基座方38.2米，由于四面均用青石包砌，此尺寸应是确实可靠的，按《水经注》所记基方十四丈折算，可知当时所用的尺，每尺合27.28571厘米，这应当是现知最准确的魏尺长度。

第三圈柱子每面五间，而所谓第四圈木柱以内的实心体每面20米，壁上每两柱之间有壁龛遗迹共五个，可知这实心体是包于第三圈柱外的。因此，如将此五间定为每间广一丈四尺，五间共七丈，合19.10米，则实心体每面包出柱中之外44.5厘米。又

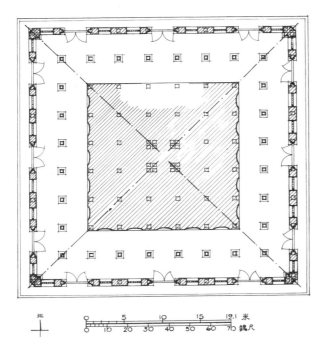

插图二六　北魏洛阳永宁寺塔遗址平面图

按发掘简报，各圈柱子都是平均布置的，由于全平面是正方形，又可肯定间广、进深必相等。所以，基方十四丈正好等于十间面广。除去塔身九间十二丈六尺合34.38米外，每面阶头深各得半间广，即七尺合1.91米。

据上述平面布置，推测此塔结构仍应是以纵架为主，即第二至第五圈柱子上是四圈纵架，这就与本时期石窟中所看到的外观形式正相符合，是在柱头上用栌斗承大额、额上安斗栱、栱上安檐方组成的纵架。只是按此塔的规模和出檐的需要，很可能已使用出跳栱。至于横向的构造，只有云冈第9、10窟的窟廊可资参考。此等窟廊内部顶上均为整片方格平棊，似其上均为方木叠垒，上承楼板、平棊及屋架。

发掘报告提出了一个重要现象，即第一和第五圈的转角处均各用四柱相聚。估计这个庞大多层的塔，各层四角45°斜缝上使用了一个通长的大纵架，它的净跨长达21.4米，两端各加用两柱支承，即一、五两圈转角位于45°斜角上的两柱，而转角处的另两柱则分别支承正侧面的纵架。这种在转角处加用柱子的方法，我们已经在前述汉代辟雍遗址中见到过。至于上层柱，如用通柱，构造上的困难必定更多，也不可能有如此长的木料，所以必定是采取在下层叠垒的方木上叉立上层柱的方法，同时这也便于逐层柱向内收进。因此全塔构造必定形成逐层叠垒的形式。

对于塔的高度，只能作最粗略的估计。文献记载一说去地千尺（272.86米），一说四百九十尺（133.70米），均不足为据。按现知唐辽时代建筑层高均约为间广之倍，而在前述此塔可能的结构形式下，层高可能要小一些。现在仍按层高为两个间广估计，得每层二丈八尺，九层共高二十五丈二尺合68.76米；刹高假定三丈合8.2米；现存两层阶基共高4.7米，则全塔总高最大可达81.66米。可见文献对高度的记载都过于夸大了。

总括上述各点，此塔外观：下有阶基两层，塔身下层方 34.38 米，总高约 81.66 米。塔身四面九层，每层有檐无平坐。每面九间，三户六窗。刹高 8 米余，以铁镖系于四角。塔身之内当中五间面积，自下至顶，用土墼砌筑，每层东、西、南三面壁面，各砌佛龛五座，北面壁内设梯以供登临。这个粗糙的估计，使我们可以略知到本阶段末期木结构建筑的大致形象以及可能达到的规模、尺度。

第三节　东汉—南北朝木结构发展的趋势

东汉以来的文献记载很少提到台，也很少用"殿屋复道，周阁相属"等类词句形容宫室建筑，应是宫室建筑不再大量使用高台形式的间接反映。[进入东汉后的很长一段时间，社会稳定，手工业与商业持续发展，社会整体文化水平有较大提高，相应地科技水平也有较大提高，这促使了那种耗费劳动力多而效率较低的夯土建筑在此期间基本被淘汰。]① 高台建筑在经过封建社会初期的兴盛后，转为满足特殊功能要求的建筑，或处于宫室园苑中的装饰点缀的地位。例如三国时曹操于邺城建铜爵三台（铜雀台、金凤台和冰井台）② 就是此种性质。那么，宫室建筑采取什么形式呢？综合上述各种迹象看来，它只能有两个发展方向，即向平面扩展或向空间增高。因而研求建造大面积的殿堂、厅堂或多层楼阁的技术，是这一时期发展的总趋势。

建筑平面的扩大，是全部建筑技术发展中的一个重要现象，表现为间广和主梁跨度逐渐加大，这是前面已经述及的。现在既然淘汰了高台建筑的形式，那种规模巨大的宫室建筑，当然要求有更大的间广和进深，这是不言而喻的。但是从上述各种资料看来，似乎向高层发展更被重视，不但那些阙、楼阁、塔都表现出高层的形式，而且

---

① 此处修改颇多，参见初版。
② 原文如此。《三国志·魏书·武帝纪第一》记载"（建安十五年）冬，作铜雀台"。另有文献，"雀"亦作"爵"。《文选·左思〈魏都赋〉》记"飞陛方辇而径西，三台列峙以峥嵘"，李善注云："铜爵园西有三台，中央有铜爵台，南则金虎台，北则冰井台。"后赵时为避武帝石虎名讳，曾改金虎台为金凤台。

还有一些文献反映了对高层建筑的兴趣和理论。如：

《三国志·公孙瓒传》："为围堑十重，于堑里筑京，皆高五六丈，为楼其上……"注文引《英雄记》："瓒诸将家家各作高楼，楼以千计。"这一条"楼以千计"以其数量之多，反映了当时建造楼房已经成为风气。

又《世说新语》："陵云台楼观精巧，先称平众木轻重，然后造构，乃无锱铢相负揭，台虽高峻，常随风摇动而终无倾倒之理。魏明帝登台，惧其势危，别以大材扶持之，楼即颓坏。论者谓轻重力偏故也。"据《魏书》，此台建于黄初二年（公元221年），虽名为台，按其所记"楼观精巧""随风摇动"等情况，实为木结构高楼。这一条说明对当时高层结构技术已有了丰富的实践经验和理论。"先称平众木轻重"，表明在设计时认真计算了建筑物的自重，并且认识到荷载的平衡对高层建筑的重要性。还理解高层建筑"常随风摇动而终无倾倒之理"，不摇动反而失去平衡"轻重力偏"，所以如"别以大材扶持之，楼即颓坏"。这说明在这一时期建筑技术的实践和理论都有所提高。

无论是向平面扩展或向空间增高，都必须有更加牢固可靠的结构形式，必须提高结构技术。那么当时的工匠是如何解决这个具体问题的呢？根据前面所列举的各项片断数据，可以得到下列粗略印象。

力求做成整体的构架，是这一时期在结构上的第一项重大发展和主要成就，它使结构形式起了质的变化。一般房屋在外围柱子柱身中部加一条横方，无论它是用穿逗、抬梁或三角屋架，都起了加强各个屋架间联系的效果。而沿房屋周边柱子上使用纵架或大额方上加横架的方式，就使纵架或大额和柱、方组成了一个整体框架，在此框架上再放横架，显然稳固得多，它是朝向整体构架迈进的。

那些在阙、楼上看到的纵横层叠的方木，很可能是由井幹结构发展出来的，与西汉初年出现的井幹楼也可能有继承发展的关系，我们不妨暂称之为井字架。这种结构形式，虽然以后不再使用，但对后来的发展却起了深刻的作用。我们看，阙是面积不大的多层建筑，因此全部楼层可用一个整的井字架，实质上已成为一个结构层。这样就开始脱离了原来是从地面竖立起来的、一个一个的垂直构架的方式，形成了按水平方向分层次的结构形式的雏形。它用于大面积的殿、楼，同样也是适宜的，只是建筑面积远较阙广大，不可能每层用一个整的井字架，而必须在内部增加柱子，分割成几个井字架，也许是在前后各增加一列柱子，也可能是沿四周增加一周柱子，这样将整个建筑的柱子组成一个柱网，并结合成整体框架。上面的井字架则成为三个长条形，或者是四周成为一个方框形、当中一个长条形。那么，很清楚就为后代殿堂分槽结构开了先河。

前面已经说过，东汉即出现的那种在柱头上用大额方承斗栱的结构，显然原来是一种纵架，用于大面积建筑时，除檐部外，其内部也必然要有一两个同样的纵架，纵架之上以横架或方木相联系。而将在柱头之上的额方降低至柱头之间，起到了将全部结构组成整体的作用。看来变动不大，却起了深刻变化。这一改进也必然走向柱网、框架和分槽结构的形式，它和井字架的改进是殊途同归的。

斗栱结构是此时在结构上第二项重要的发展，并且还可以看出斗栱的各种结构形式和构件是在不同的功能要求下创造的。在柱头上用栌斗作为结合柱、梁、方的构件，早在周代就已发明。许多楼阁上的斗栱，都是使用于巨大的挑梁头上，清楚地指出出跳栱来自挑梁。用于结合梁、柱、方的斗栱是不出跳的，使用于檐下或平坐之下的斗栱，为了悬挑而创造了出跳形式。由于只出一跳，可以推想此种挑梁形式的出跳，系由梁方延伸而成，或其内侧系压于梁方之下。用于大额上的作为纵架组合构件的斗栱，也无须出跳，并且还创造出人字栱。从斗栱的使用位置看，已可区别出转角、柱头、补间三种。总之，后代斗栱结构的各种构成部分，此时都已具备了雏形。

作者原注

一、《后汉书·陶谦传》。

二、中国社会科学院考古所洛阳工作队：《汉魏洛阳城初步勘查》，《考古》1973 年第 4 期。

三、中国社会科学院考古所洛阳工作队：《北魏永宁寺塔基发掘简报》，《考古》1981 年第 3 期。

第四章　隋—北宋

第一节　间、椽^①

　　我们现在用几间、几椽表述单体建筑规模的习惯，是在本时期才确切形成的［附表1］。

　　"间"起初只是一般的名称，例如"凡在四柱之内的面积，都称为间。间之宽称为'面阔'（或称为间广）"（原注一），这是一个抽象的概念；前引《洛阳伽蓝记》叙永宁寺"僧房楼观一千余间"、杜甫诗"安得广厦千万间"等等，都只是形容房屋之多；而"一间客厅""一间卧室"，则是泛指一个单独的空间。以上各种"间"，均无严格的尺度概念。本章所称的"间""椽"是一个新的概念，是包含着结构的尺度这一具体内容的：房屋正面两柱之间的长度（即檩、槫的跨度）称间广，房屋进深两槫之间的间距（即椽子的水平长度）称椽长。间广、椽长，均有根据结构规定的尺度；而房屋的正面（面广）以间数计，侧面（进深）以椽数计。所以，几间几椽能够准确地表达单体建筑的规模。

　　制定出间、椽的标准尺度及其可能的伸缩幅度，必定是在结构技术提高到一定的水平才能够做到的。在本时期以前，建筑的规模还不能以间椽记述，如阿房宫"东西五百步，南北五十丈"（原注二）；未央宫"前殿东西五十丈，高三十五丈"（原注三）；北魏永宁寺塔明明是九间，但记载只说"浮图有四面，面有三户六窗"等等。以纵架为主的结构形式，不要求有严格的柱网排列。如前述殷代盘龙城宫殿遗址，柱子排列

---

① 参阅本书第七卷。

的间距稀密不等，前后檐用柱数目也不同；而秦咸阳宫殿和汉辟雍遗址，它们的外廊虽有一致的间广，只是为了外形美观，它们仍用纵架，所以外廊以内的柱子排列仍然没有一定的规律。因此，那时也不可能产生间椽的尺度概念。

单体建筑平面，每间纵横规整地排列柱子，以洛阳永宁寺塔为现知最早的实例。我们由它的庞大规模、转角处聚立四柱，可以确定它的结构并没有超出那个时代的一般水平，仍然是以纵架为主。因此它的柱网排列，仍然是出于美观的要求，而不是从结构来考虑。但是，这种形式必定对结构发展有启发推动的作用，可知延至本时期确立了间、椽的概念，并成为一定的制度，并非偶然。

正面长度以间计、侧面长度以椽计，是由结构形式决定的。屋架负荷屋面重量，房屋的正面可以看到每个屋架端部下的立柱，于是每个单体建筑的正面形成了整齐规则的柱列。每两柱之间的距离——间广，既有一定的尺度，间必然成为最简明的正面长度计量单位。

屋架的总跨度即是房屋的总进深。一般屋架均为等腰三角形，自顶点（脊）向两坡用檩条均分成若干"椽"。故椽的长度是一律的，椽的总数一定成为双数，所以用椽作为进深的计量单位极为方便，同时"椽"又可作为梁长的计量单位。

为什么进深不能以间为单位？这是因为每个屋架除前后两端的立柱外，其中部还可以按实际需要加用立柱，调整梁长。例如总进深为八椽的屋架，用一条通长的主梁——八椽栿，屋架中部即不需用柱；如改用一条两椽栿和一条六椽栿，就需在屋架中再加一条柱；甚至可以用四条两椽栿，在屋架中增用三条柱，等等。所以，屋内用多少柱子、各柱的位置，都是自由灵活的。侧面长度，如以间计就很不方便。

间、椽概念的确立，也反映出逐间纵横排列满堂柱的做法，从来就没有成为普遍使用的形式，也很少使用，在本时期中只见永宁寺塔和初唐麟德殿两例。

在现知唐辽建筑遗址中，以含元殿遗址八椽十一间为最大，面积达 1118 平方米（以柱中计，副阶不在内）[图版 26、27]；现存实例中则以奉国寺大殿十椽九间为最大，面积达 1211 平方米 [图版 28~30]。从初唐含元殿、麟德殿遗址至中唐的南禅寺大殿、佛光寺大殿，间广均在 5 米左右；到本时期末的善化寺大殿，间广已略超过 7 米，正反映出本时期木结构技术的发展。

以间、椽表达房屋的规模，在本阶段后期的《营造法式》中，已经成为惯用的术语。同时，间椽长度的材份数都有一定的制度（详后）。在通常情况下一间等于两椽长，各种水平的受力构件的长度，都是依据间、椽的长度决定的。这也是建筑标准化、规格化必然的结果。它创始于何时，现在尚难于肯定，但是唐文宗即位之初（公元827年）有诏规定仪制，其中始有"……王公之居不施重栱、藻井。三品堂五间九架……"等规定（原注四）。可见中唐时期，架（椽）已成为衡量房屋规模的普遍尺度概念，则其创始或在本阶段之初。这应是木结构建筑技术发展提高的重大标志。

第二节　铺作

铺作是由斗（科）、栱、昂等构件组合成的结构单元，明、清时期名为"斗栱"[1]。每一组合单元清代称为"攒"，宋代称为"朵"。现在斗栱已经是较为普遍的名称，而铺作是比较生疏的名称。由于斗栱作为中国古代木结构的特有结构方式，到这一时期已发展到最高的阶段，成为房屋建筑结构极其重要的部分，为了与其他时期的"斗栱"相区别，在本章中采用"铺作"作为这一时期专用的名称。

建筑体量、规模的日益增大，必然要导致整个结构形式的改革，以适应新的需要。进入本时期后，结构技术的发展是迅速而全面的，在表面现象上最引人注目的是铺作的发展。现存实例中的各种不同结构形式，都不同程度地与铺作有关系，分析结构时往往要涉及对铺作的各种运用方式。所以，首先应对铺作有扼要的认识。

现存唐代的木结构建筑，建于建中三年（公元782年）的南禅寺大殿（原注五）、建于大中十一年（公元857年）的佛光寺大殿（原注六），属中、晚唐的建筑［图版31~36］。以后五代、宋辽的木结构建筑保存至今的，随时代而增多，它们所使用的铺作与前期斗栱大不相同。尤其佛光寺大殿的铺作极为庞大复杂，它究竟有什么作用，是如何发展形成的，现即按照其主要特点及形式，试分析如下。

---

[1] 斗栱之"斗"，宋《营造法式》作"科"，明清简化为"斗"，今学界一般性约定以"斗"代"科"，而在《营造法式》研究中，个别情况仍沿用"科"。

第一，铺作组合构件中，斗和栱是最普遍使用的两种构件。柱、梁、方各个构件如果仅用榫卯结合，须在木材端部锯凿榫卯，构件受到伤害影响强度，使结合点成为结构上的弱点。早在战国时代之前，就已创造出了用一个栌斗固定在柱头上，并将其他构件的结合部分纳入斗口中，扩大结合部分的承托面积，加强结合点，更紧密地将它们结合起来。随后在东汉时期看到了在栌斗口中加一条替木或一个栱［插图一七］，甚至加重叠的两个栱，使梁方重叠于栱上，更加强了各构件的结合，同时还略微缩短了梁方的净跨。这样的做法较之单用一个栌斗复杂些，但它的功能仍然只是结合。斗、栱作为一种结合用的专用构件，是它的最初定位，即使不用铺作的建筑物，也常以斗、栱作为结合构件，并由铺作继承下来，成为铺作组合的基本构件。

第二，铺作结构的基本方式是构件纵横交叉层叠相垒。井幹和纵架都是战国时代之前已经应用的结构形式，前节已经说过东汉石阙上沿建筑物四周纵横层叠起来的方木，就是由井幹结构改革形成的。东汉崖墓外廊则极明确地记录了纵架的结构形式［插图一八之②］，它是由上下两方和其间的斗、栱组成的。下方由柱、栱、栌斗承托着，上方承受由横架、檩、椽传来的屋面重量。当中的斗、栱除了将上方传来的重量均匀地传布至下方外，可能还与两柱之间增加的辅助横架相结合。面积较大的建筑，室内还可能增加一排纵架，或者沿建筑物四周使用一周纵架。这种井幹和纵架形式的弱点，在于它与柱子的联系不密切，使整个结构容易变形，所以在南北朝、隋及初唐的发展中，都是着重克服这个弱点。其方法是升高柱子。天龙山第8窟窟廊作于隋开皇四年（公元584年），它的柱子加高到纵架的上方之下，将本来通连数间的纵架分隔成一间一架的形式［插图二七之①］。到初唐时进行了再次改革，成为如敦煌壁画、大雁塔门楣石刻画所表现的形式，柱头间已另用两重额方及蜀柱相连，纵架又回复到柱头之上［插图二七之②③］。纵架的上下两方之间用直斗，纵架下方与额方之间又增加了人字栱，并且可以看出纵架之上的横架已经略微降低，成为与纵架互相交织的组合，而不是原来那样叠压在纵架之上的组合。最后，发展到纵架横架相互结合，构成一个整体的铺作构造层，原来由各个栌斗承托的纵架就成为铺作结构层组成的一个要素，在《营造法式》中称为"影栱"或"扶壁栱"，横架结构的梁方延伸为出跳栱。于是铺作就完全改变了它的外观形象，成为一朵一朵的似乎是由斗、栱组成的独立的构造单元。实际

插图二七之① 天龙山第 8 窟窟廊（刘敦桢绘）

插图二七之② 敦煌第 321 窟壁画局部

插图二七之③ 大雁塔门楣石刻

上，外表看来成朵的铺作，不过是纵架和横架的结合点。

本时期建筑实例中扶壁栱有各种不同的做法［插图二八］：华林寺大殿（原注七）和保国寺大殿（原注八），是在单栱素方上又用单栱素方，简言之是栱方相间使用，近于初唐做法［图版37～41］；其他各实例都是在单栱上用三至六重素方，方与方之间只用散斗垫托，其形式与汉阙层叠方木的做法相近。尤其是应县木塔平坐做法最为重要。它的身槽内铺作完全用方木实拍重叠的做法，显著地说明了它与井干结构的继承发展关系。而与之相对的外檐扶壁栱，却用方斗相间的做法，两相对照，可见外檐做法是经过艺术加工的井干形式。

第三，铺作出跳构件的主要功能是悬挑。本来挑梁也是古老的结构方法，在房屋建筑上主要用于挑出檐部。直到东汉时，它的做法大多是在巨大的挑梁头上安放一或两个栱，挑出距离较大时，则于第一根挑梁上再重叠一根较长的挑梁，可推定它的里侧应是压于梁方之下。将挑梁做成栱的形状并在其上用斗，就成为"铺作"的又一个组成部分——出跳华栱。它始见于东汉，到初唐时的壁画中［插图二七之②］除了外观形象一望而知是经过艺术加工的挑梁外，还有两个特点也是挑梁的余痕：其一是凡出跳的第一跳华栱小斗上只出第二跳华栱，而不用横栱，即是宋代所称的"偷心造"，这表明它的原意只在于增加悬挑长度；其二是内部的梁方只延伸至柱头扶壁栱外，而不与出跳上构件相联系，表明挑梁与内部的横架各有明确的分工。自盛唐以后它才消除了这种独立的挑梁形态，而融合到整个铺作组合之中。随后更由于出檐、间广的尺度日益增大，产生了每一跳华栱上都加用一栱一方（即宋代所称"单栱计心造"）以及华栱上用两栱一方（即宋代所称"重栱造"等做法），使铺作的组合日益复杂多样。

建筑物转角处，在分角线上增加悬挑华栱——角栱。在初唐壁画中即已见到，但或因角部悬挑较远，恐角栱不胜负荷，到唐辽之际又出现了在与角栱成90°正交方向加用一栱的做法，即后来惯称的抹角栱。前节所叙东汉陶楼中已有类似的做法，但还是挑梁不是栱。在本时期中如独乐寺山门、观音阁（原注九）上层，均采用此种形式。另一方法是在转角处，紧贴转角栌斗，两面各加一个栌斗和一缝出跳华栱，这种形式出现较晚，现存实例中始见于公元1020年的奉国寺大殿（原注十）。

第四，横架［插图二九］。横架即内外柱头间的构架，由内外柱头上的斗、栱、乳

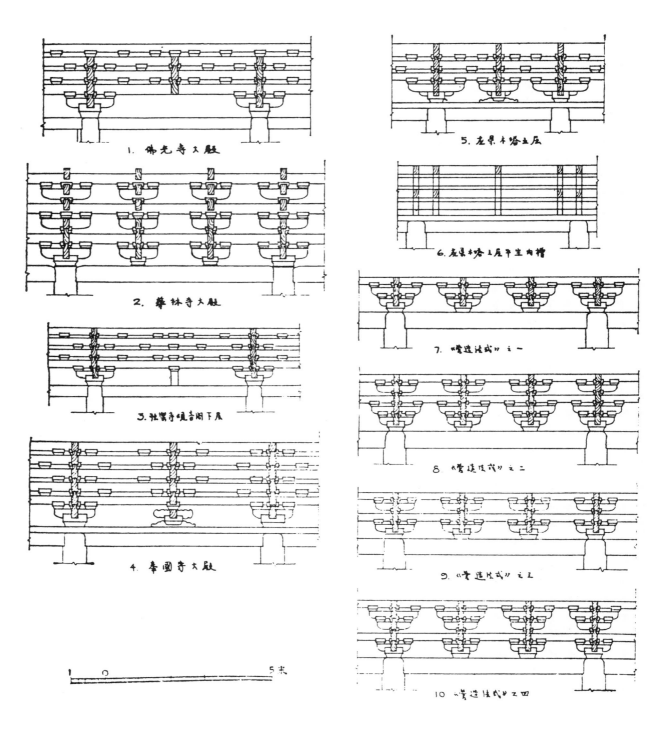

1. 佛光寺大殿

2. 华林寺大殿

3. 独乐寺观音阁下层

4. 奉国寺大殿

5. 应县木塔五层

6. 应县木塔五层平坐内槽

7. 《营造法式》之一

8. 《营造法式》之二

9. 《营造法式》之三

10. 《营造法式》之四

0   5米

插图二八　纵架（扶壁栱）形式（陈明达绘）

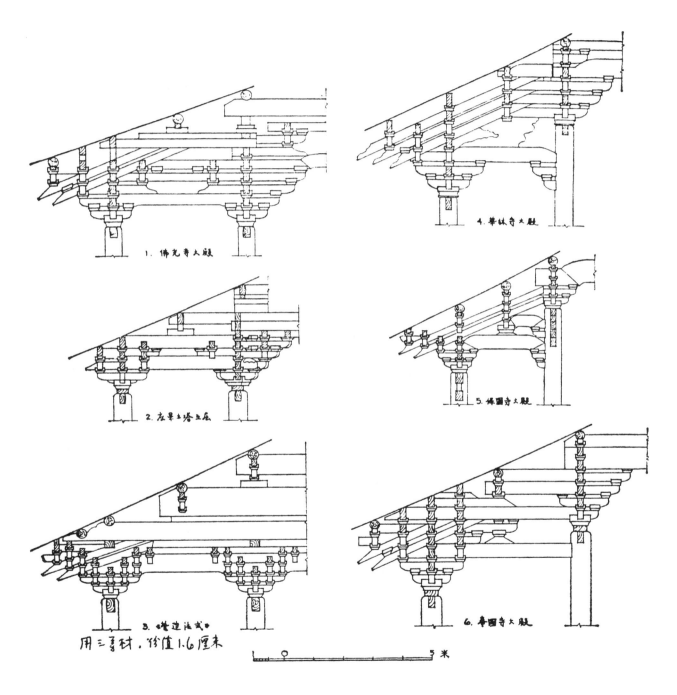

插图二九　横架形式（陈明达绘）

栿、平棊方、草乳栿等组成，一般长两椽。如上所述，出跳栱最初只是挑梁的变形。在大量初唐时的壁画中，都可以看到外跳出跳栱不与内部梁方直接相连属，即横架的梁方只与扶壁栱相交，出跳栱的里面均位于梁方之下。至盛唐开始梁方才加长延伸为出跳栱，从而使横架的一端与铺作组合成整体。横架一般只用于内外柱头之上。在这种情况下，扶壁栱已经不具备原来承担横架的作用，而是与横架组成一个整体的框架——一个结构层。只有在建筑规模增大、间广增大时，才采用在补间位置增加横架的做法，一般多用于加强檐部或加强平坐楼面结构。它当然也是以铺作的形式与扶壁栱结合成整体的，这就是"补间铺作"，实际上是辅助性的横架。所以，补间铺作是根据结构需要决定的，结构上不需要时可以不用。在实例中一般是间广 5 米左右使用一朵，随着间广增大，后来又增至两朵。它的出跳一般少于柱头铺作，完全和柱头铺作一样的较少。并且内外柱头缝上的补间铺作一般是不相连属的，只有用于平坐的补间铺作，才与梁方相结合组成与柱头缝上相似的横架，以分担平坐楼面的重量。

第五，铺作下昂应是由斜梁发展而来的，斜梁原是横架的一种形式，而其发展的结果，却出乎意外地成为铺作的一个组成部分——昂。使用斜梁是一种古老的传统形式，前节所叙东汉以来立于平梁之上的人字架，已经由斜梁发展成完整的三角架，并长时期得到普遍应用。在本时期实例中南禅寺大殿、佛光寺大殿的最上两椽，仍保持着这种三角架的形式［插图三〇、三一之①，图版 34］。问题是为什么在大规模的、高标准的建筑结构中没有继续发展，而只限于在最上两椽才使用它？

华林寺大殿、保国寺大殿的下昂长达两椽，从整个横断面上看正是起着斜梁的作用［插图二九之④⑤，图版 37～41］。不过它不是用于脊部，而是用于檐部。如将几个早期下昂铺作按昂的长度排列，可以看出其功能之不同是非常显著的［插图二九］。从整个发展趋势看，时代愈晚，昂的长度愈缩短。原有的斜梁作用也随之逐步消失，使昂由结构构件转变为调整檐部高度、深度的建筑构件，最终至明清时期成为仅具昂嘴外形的装饰构件。综合这些现象，可以推想跨度大的横架，如要制造成用榫卯结合的三角架，施工安装较为困难，而且当时还没有螺栓等钢铁构件，各个结合点的强度不足。于是一般较小的横架多采用三角架的形式，较大的横架采取化大为小、分割成几段的形式。最上两椽为一段，用三角架；最下两椽各为一段，用半个人字架——斜梁及其他

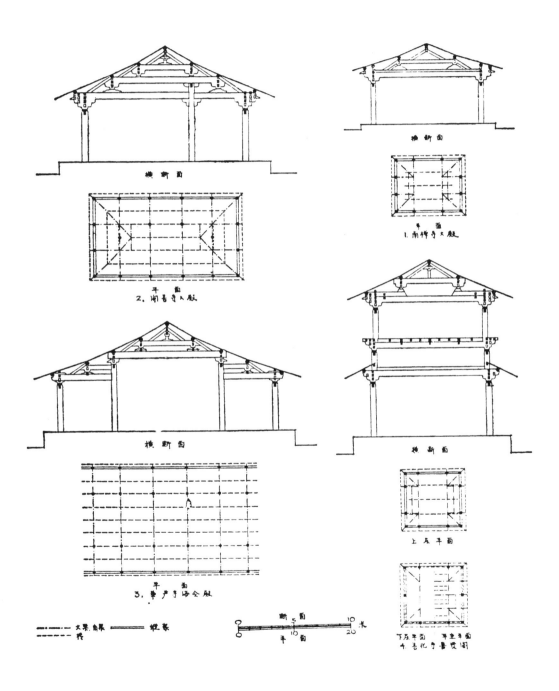

插图三〇　海会殿结构形式实例（陈明达绘）

构件组成。这也是传统的形式，如前叙汉阙等所表现的成阶梯状的重檐，推测应是由分段的横架形成的。本时期的殿堂分槽结构的形成，大概也受到这种传统的影响。

隋唐时期，将这种由人字架变革而来的斜梁也纳入铺作组合之中。起初，斜梁可能和一般横架一样只与扶壁栱相交，如实例中的虎丘二山门（原注十一）、开善寺大殿（原注十二），补间铺作里转使用不延伸至外转的昂，也就是《营造法式》所谓"不出昂而用挑斡"的做法，应即是其遗迹，同时它又可证明补间铺作是由辅助横架改革而来的。当铺作进一步完成其最后形式时，斜梁下端随之延伸至扶壁栱之外，成为向下倾斜的出跳，并在其上再加栱方承橼，兼起挑梁作用，将屋檐挑出更远。又由于它已融合于铺作之中，不再适用斜梁的大截面，所用材料须与栱方用材相同，而改为二或三材相重叠的形式，完全失去了斜梁原来的形态，成为下昂。而所谓"不出昂而用挑斡"的做法，又可能即是上昂的原形。

综上所述，铺作是综合了各种结构功能创造出的中国古代木结构的独特形式。它具有复杂的形式，正是多功能的反映。

前已述及标准化、规格化是封建社会建筑技术发展的重大成果。不难理解铺作结构的发展，曾对标准化提出了更高的要求，促进了材份制的建立。材份制（详下第四节）是我国建筑技术的一大创造，它创始于何时，现在无从判定，但是在本阶段发展到完善的程度，是可以肯定的。可以设想在上古时期用井幹结构的时候，就已经知道挑选大小相差不多的圆木，以后改用方木时必然更注意规格一致。当铺作结构发展到更加复杂的时候，每一朵铺作是由十几个或几十个构件结合组成的，每一座建筑有几十朵铺作。为了便于制作、组合，避免构件大小参差不一，导致施工困难，构件必须有统一的标准规格，这必然促进材份制的发展、完善。在什么时候对构件截面作出明确的、分成等级的材份规定，现时也还不能确切证明，只是从统计这一时期的实例〔附表2〕可以看出材的高宽比，大部分等于或接近于3∶2，只有一例接近于2∶1，截面大小有显著的等级，并且大体如《营造法式》的规定，按建筑规模大小取用不同等级的材。因此，可以说在公元八世纪时的材份制，已经与《营造法式》中的规定相近了。

当铺作结构发展到最繁复的形式时，也就达到了它的高峰。自此开始，它又循着另一方向发展。将现存实例按时代排列起来，就可看到或多或少地表现出力求简化的迹象：梁方截面逐渐增大，相对的铺作与梁方的结合日趋简化；下昂长度日渐减短，失去原来的功能作用，等等。总的发展趋势是力求简易，以利于实践。

第三节　结构形式

现存实例的构架形式是多种多样的。如去其小异存其大同，从基本结构原则看，则可归纳为三大类，姑且称为三种形式，并以具有典型性的建筑命名分述如下。

一、海会殿形式（原注十三）[①]

现存实例中有南禅寺大殿、镇国寺大殿（原注十四）、开善寺大殿、华严寺海会殿、善化寺普贤阁等例（原注十五）［插图三〇，图版 35、36、42~51］。南禅寺大殿及普贤阁各为三间四椽，镇国寺大殿三间六椽。三者室内均不用内柱，只是在外周柱上用一周铺作，使用通连前后檐的四椽栿或六椽栿。

海会殿是这一结构形式的典型。这个五间八椽的殿，屋盖用悬山造（不厦两头造），所以使用了六个完全相同的横向屋架，每个屋架用四柱。前后檐柱上用最简单的铺作——斗口跳。前后两个内柱距檐柱各两椽，檐柱铺作承乳栿首，栿尾插入内柱柱身。两内柱上用四椽栿，柱身随举势增高至四椽栿下，正与《营造法式》图样中"八架椽屋前后乳栿用四柱"相同。各个构架间纵向联系除了前后檐一列扶壁栱外，只有各椽缝上的檩方。这种形式并不要求一座房屋的全部梁架均使用同一形式，而是可以变换的。如开善寺大殿五间六椽，外檐用一周檐柱及铺作，室内共仅用四柱，全部结构用两种屋架组成［插图三〇之②］。明间柱在后侧，屋架前用四椽栿，后用乳栿，即《营造法式》所称"乳栿对四椽栿用三柱"；次间柱在当中，屋架前后均用三椽栿，即《营造法式》所称"六架椽屋分心用三柱"。栿首均在檐柱铺作上，栿尾入内柱，四内柱均高达四椽栿下。

[①] 海会殿已于二十世纪五十年代被拆除。

这种结构形式的特点是：

（1）只在外檐一周或前后檐使用较简单的铺作组成纵架，一般不超过五铺作，它只是扩大了梁柱的结合点，而不像后两种形式那样成为由铺作组成的整体框架。

（2）室内不用铺作，梁尾直接与内柱结合，因此内柱的位置可以位于任何一个檩条之下，使室内柱有灵活多样的排列方式，以适应使用需要。

（3）因此，内柱必须随举势增高。

（4）最重要的是这种结构可以按垂直方向分为若干个横向屋架，以便制作安装。全部结构是在逐间的横向屋架之间，用铺作上的拱方和每个檩条及其下面的拱方作纵向联系。毫无疑问，这种结构形式无论设计、施工都较后两种简易。

这种结构形式多使用于规模较小的、用不厦两头造屋盖的建筑——当然，也可以做成其他形式的屋盖，还可以建造楼房，如善化寺普贤阁——它基本上是继承了抬梁结构的形式而应用铺作发展的成就，在梁柱结合点等局部作出技术性的改革提高。

二、佛光寺形式

这是一种相当优秀的形式，无论从材份制度、结构布置、铺作应用以至建筑艺术各方面看，都达到很高的水平［插图三一，图版 31～34、52～63］。它的特点是：

（1）每座建筑的全部结构，虽然仍是按间椽原则构成的，但同时又可以按水平方向划分层次，逐层制作安装。单层建筑有三个构造层：最下是柱网，中间是铺作，上层是屋架。

（2）每一构造层都是一个整体。

（3）每一构造层的中心可以做成空筒。

佛光寺大殿建于公元 857 年，是现存此种结构形式中最早的典型实例。为了便于了解这种形式的结构特点，我们将结构中的各种次要构件（如出跳上的构件、拱方间的小斗、昂等细节）均略去，作出插图三二所示的结构分析图。从图上可以看到大殿外周用 22 根檐柱分为正面七间、侧面四间（八椽），柱头用额方连接成为一个方框形柱网。在檐柱内侧相距两椽，又用 14 根内柱分为正面五间、侧面两间（四椽），作为第二个柱网。两个大小相套的方框形柱网将全部平面划分为两个部分，中心是长五间、

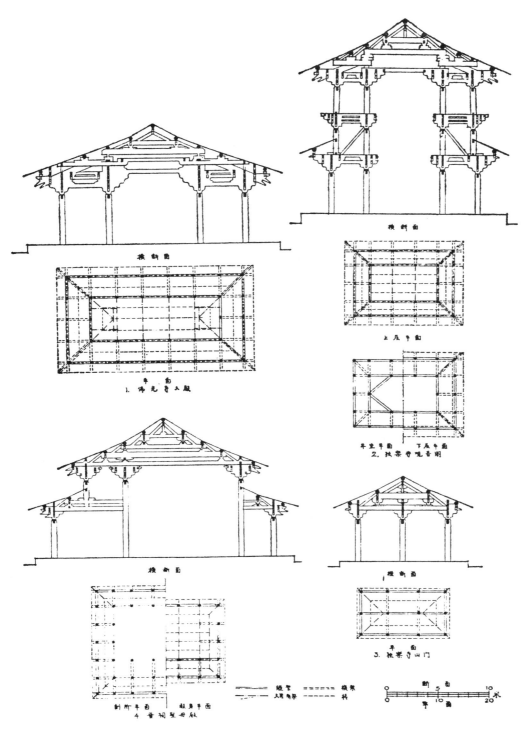

插图三一　佛光寺结构形式实例（陈明达绘）

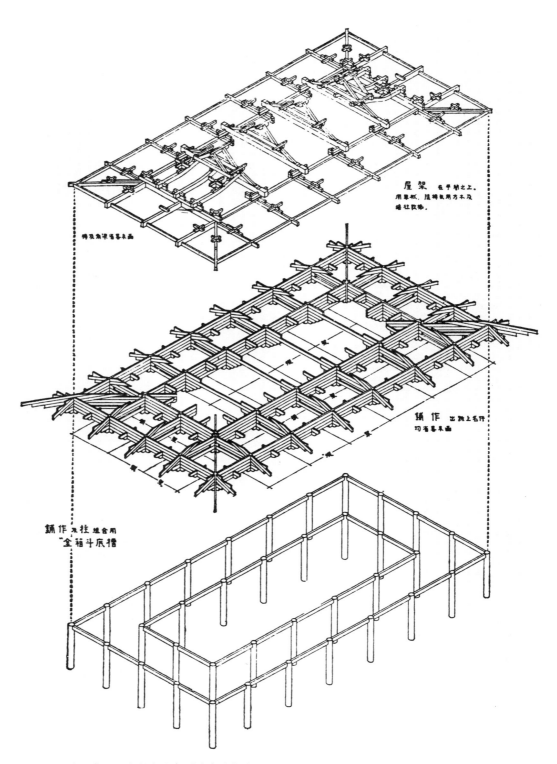

屋架 在平閣之上，
用椽概，随槫敷用方木及
襻杠敷椽。

搏及角梁省略未画

铺作 出跳上名件
均省略未画

铺作及柱 连合用
"金箱斗底槽"

插图三二　佛光寺大殿木构架分析图（陈明达绘）

宽四椽的长方形——内槽，外围是宽两椽的方框形——外槽，而内槽全部无须使用柱子。从独乐寺观音阁和应县木塔（原注十六）还得知，外周檐柱在转角一间相邻两柱之间的对角线上还有一条斜撑，用以加强柱网的刚性。

此种形式一般使用五铺作以上铺作。檐柱柱头铺作与相对的内柱柱头铺作的某些构件，是用整条方木做成的，这就使这一对铺作成为一个整体结构——横架。转角部位还在内外角柱间增加了一个在平面投影上成45°的横架。位于内外额方上的各对补间铺作，则起铺助横架的作用。铺作的扶壁栱，实质上是由六层栱方重叠成的纵架。而全部铺作的纵架，又连接成两个坚强的框架或箍，而横架又结合此两个纵架，使整座建筑的铺作成为一个整体的构造层。还必须注意前后两个内柱间的四椽明栿是建筑构件或装饰构件，并不是结构构件，它表明构造层的中心可以是一个空筒。由于整个铺作结构层是重叠于柱网上的，因此，全部柱子最好采用相同的高度，在必要时也可将内周柱提高，但不超过一足材。

屋架是叠压于铺作层上的，一般都采用抬梁构架形式，只是在檩条下加用襻间，作为各个屋架之间的联系构件。看来屋架间的纵向联系似乎较弱，但是考虑到这种结构形式只适宜于使用四阿或九脊屋盖，四角的角梁和两侧面的屋架恰好可以消除这个弱点。

全部结构可以按水平方向分层制作安装，是木结构技术的一大发展。因为它能够将每一层结合成为一个坚强的整体，有很大的稳定性，又较便于施工操作。尤其对于多层建筑更为适宜，独乐寺观音阁、应县木塔就是用这种结构形式建成的。如果以柱网或屋架及其下的铺作作为一个结构层，那么，应县木塔是由五层塔身、四层平坐、一层屋盖共十个结构层（十九个构造层）重叠成的。全塔总高 67.31 米，木结构部分净高 51.14 米，是世界上现存的最高大的木结构建筑［图版 54～56］。从建成至今已历 930 余年，经受过几次地震考验，仍然基本完好，充分证明这种结构形式坚固稳定，具有良好的抗震性能。独乐寺观音阁是由两层殿身、一层平坐、一层屋盖共四个结构层（七个构造层）重叠成的［插图三三］。为了在阁内安放一个高约 16 米的巨型塑像［插图三四］，利用内槽不需用结构构件的特点，使之成为通连三层的筒状空间，充分显示了这种结构形式的这一特点。

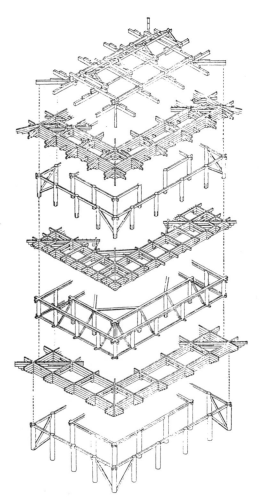

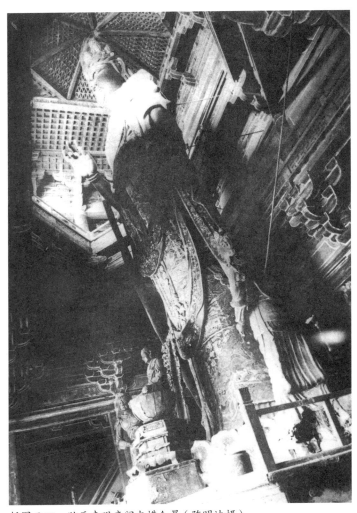

插图三三　独乐寺观音阁木构架分析图（陈明达绘）　　插图三四　独乐寺观音阁内槽全景（陈明达摄）

　　这种结构形式也有各种不同的平面布置，至少在实例中还可以指出两种。独乐寺山门是在外檐柱网的纵轴线上，加一列内柱及铺作。显然这是因为山门只有三间四椽，面积不大，又需在纵轴线上安装大门所采用的结构布置。晋祠圣母殿（原注十七）和永寿寺雨华宫（原注十八）是在外檐柱网之内，靠前方纵向加一排内柱及铺作，将平面划分为一宽一窄两个长方形。这样就使它们有一个宽敞的前廊，而成为另一种结构布置。由此可见，这种结构形式在适应使用需要方面仍具有一定的灵活性。

190

三、奉国寺形式

此种形式多使用五铺作以上的铺作。建于公元 1020 年的奉国寺大殿是此种形式的典型［插图三五、三六，图版 28～30、37～41、64～71］。它仍然是使用内外两周相距两椽的铺作，并使铺作的扶壁栱成为内外两周框架或箍。与前一形式的区别在于：

（1）两周铺作不在同一高度上，外低内高。因此内柱较檐柱一般高出五至七足材，或更多一点。外檐铺作不仅与内槽铺作组合成整体，并且还需与内柱结合在一起。

（2）柱网布置不要求前后严格对称。虽然基本上还是内外两周柱网，檐柱布置也与上一形式相同，但内柱仅有三面与檐柱相距两椽，前面内柱向内移，与檐柱相距四椽，因此没有整齐明显的分槽。

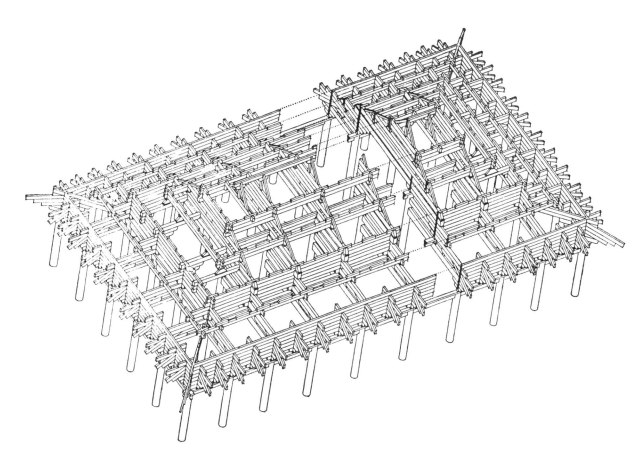

插图三五　奉国寺大殿木构架示意图（陈明达绘）

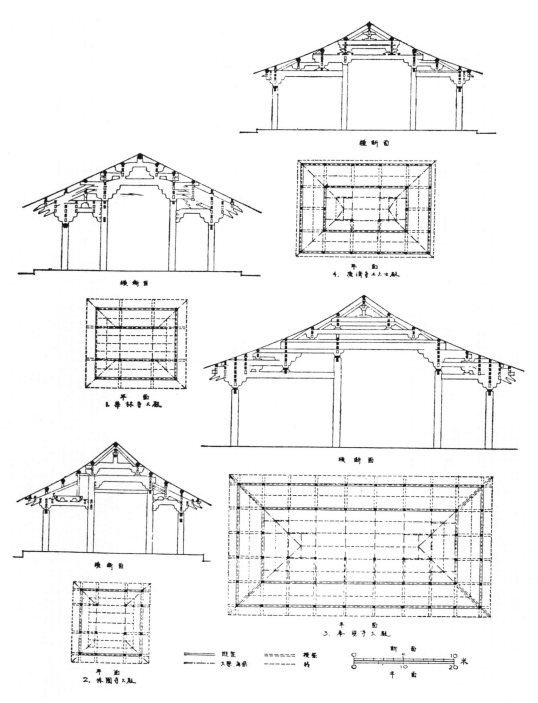

插图三六　奉国寺大殿结构形式实例（陈明达绘）

（3）从而内周前檐的铺作不在柱头上，而是于四椽栿上加用驼峰、内额承铺作。于是全部结构连同内柱在内，都相互交错组成整体。

与奉国寺大殿相同的结构形式，还有广济寺三大士殿（原注十九）^①和善化寺大殿［图版64～68］，它们的时代略晚于此殿。另外还有华林寺大殿、保国寺大殿、虎丘二山门［图版37～41、69～71］亦属同一结构形式，其时代均早于此殿［插图三六］。华林寺大殿建于公元964年，较独乐寺观音阁尚早20年，可见此种结构形式与前一种结构形式是同时发展形成的。

华林寺大殿、保国寺大殿、虎丘二山门三个建筑虽然规模都较小，却有一些局部做法是应予重视的。

首先，前二者的外檐扶壁栱，是在单栱素方上又加单栱素方，与奉国寺大殿在单栱上重叠数层素方的做法不同，还保留着南北朝至初唐时的残余形式。

其次，柱头铺作下昂昂身长达两椽，是仅有的两例，是由人字架——斜梁发展成下昂的早期形式。虎丘二山门补间铺作用挑斡，则保留着辅助横架的残迹，都是在铺作项内已经叙述过的［图版71］。

其三，华林寺、保国寺的横断面，是探索八椽屋结构形式发展过程的最好实例。它的形式是前后各两椽均用由下昂铺作组成的横架，当中四椽用四椽栿压于两侧昂尾上。可以设想正是这种有斜梁作用的昂，昂身由两椽减为一椽，再减为三跳或两跳，逐步改革为使用乳栿劄牵，而失去它原有形式及作用。

其四，此三座建筑的结构中，均使用丁头栱——插栱，少数铺作不用栌斗，而加高柱身使栱方穿过柱身，保留着挑梁的残迹，并且显著地表现出它和穿逗结构惯用穿方穿过柱身的做法，有着继承发展的关系。

综上所述，这种结构形式不能如前一形式那样，按水平方向分为柱网、铺作、屋架等层次，也不能如第一种形式那样从垂直方向分为单个的屋架，并且不适宜于多层建筑，但是平面布置较为灵活，结构整体性较前一形式更强，是其优点。这就使得无论设计或施工，都较前一形式繁难，需要更高的技巧。

---

① 此殿于二十世纪五十年代被拆除。

以上只是就现存实例分析归纳为上述三种结构形式。当时还应当有其他的结构形式未曾被保留下来，例如，至少还应当有一种更加简易的为民间一般房屋建筑所普遍应用的结构形式，即略与《营造法式》所称的"柱梁作"相当的形式。就这三种形式看：前一形式应是传统形式的持续应用，而随着发展的总趋势在细节上有所改进；后两种是随着铺作的发展，在盛唐时发展成熟的，是本时期内木结构技术发展的重要成果之一。它不但综合应用各种传统技术经验，成功地创造出大面积、大体量和多层建筑的新结构形式，同时还细致地与建筑形式相结合，利用结构标准化、规格化所带来的有条不紊的规律，把错综复杂的构件组合，加以适当的艺术处理，使外观形象、室内空间成为一个有节奏、有韵律的艺术形象。美中不足的是这两种结构形式都较为复杂繁难，设计、施工都需要付出较多的劳动。

第四节　结构形式与建筑形式

一、单体建筑

本阶段现存实例多有优美的艺术造型，外观立面、室内空间均有认真的艺术构图。但本书主旨在于讨论木结构技术，故仅就结构形式与艺术形式的关系，略作阐述。

首先，古代房屋建筑外观立面最引人注目之处，在于有不同的屋盖形式。而屋盖形式，是依据房屋规模和平面比例决定的。即平面正侧两面长在 3：2 至 2：1 时，宜用四阿屋盖；平面在 3：2 以上至接近方形时，宜用厦两头屋盖。这个比例是由间、椽表明的，一般是四椽或六椽五间、八椽七间、十椽九间，宜用四阿屋盖，故现存实例多用厦两头屋盖［附表 1］，而用四阿屋盖的少。至于正多边形平面，则必须用斗（鬬）[①]尖屋盖。

在三种结构形式中，佛光寺形式、奉国寺形式，房屋四面均有规整的柱列，将立

---

① 作者在自存书之此处批注"斗（鬬）"，似是强调此简体字"斗尖"之"斗"，对应繁体字"鬬"，不可混同于"升斗"之"斗"。本书还有多处用字为"斗尖"之处，不再一一提示。

面划分为对称均匀的间，当然适宜于四面都有屋檐的屋盖，可以用四阿，也可以用厦两头屋盖。海会殿形式，只有前后立面有规整的柱列，侧面没有明确分间，所以它适宜于用只有两面坡的屋盖——不厦两头。

结构形式对室内空间构图，有更明确的影响。佛光寺形式室内柱网及铺作层构造是整齐规则的分槽，室内出现了外槽是进深较窄、平棊较低的空间，内槽是高广、开阔的空间。所以它宜于全部安装平棊、藻井。海会殿形式室内柱子的多少、有无，均无一定之规，梁柱亦无一定配合形式，故不宜安装平棊，多用彻上明造。奉国寺形式的构造正在前两种之间，它的室内空间就多是彻上明造或部分安装平棊、藻井的灵活形式。

总之，建筑的艺术形式，是在结构形式的基础上，巧妙地适应、配合取得的。在建筑的规模、体量日益增大的同时，才逐步创造了各种不同的柱网布置及与之相适应的结构形式。这就使得可以依据使用需要决定柱网布置，同时也就确定了结构形式。自从唐代铺作结构、结构形式发展到有系统有规律的程度以来，就达到了这样的成就：只要确定平面布置、结构形式、建筑形式三者中之一，其他二者便是必然的一定的形式。可以说这是建筑技术（包括结构技术）达到高度水平的表现。

二、聚合建筑

即聚合若干单体建筑使成一个整体的形式。唐宋时期在创造了新的结构形式的同时，也创造了丰富多彩的建筑形式，它突出地表现在聚合建筑上。当时即曾引起艺术家的注意，出现了专门描写建筑的画派。现今我们所保存的唐宋实例为数不多，不足以全面推测当时建筑情况，幸而有许多绘画作品可以稍补不足。如现存的宋画《清明上河图》《金明池争标图》《滕王阁图》《焚香祝圣图》等等，都极其精确地描绘出一些优美的建筑形象。其中有些外观形象较复杂的建筑，常常予人以结构巧妙的感觉，其实它们只是由若干单体建筑聚合成的。例如《滕王阁图》［插图三七之①］，完全是一张以滕王阁为主题的绘画，它描绘的应是唐代大中二年（公元848年）重建的滕王阁。可以辨认出它是由正阁、正阁四面的龟头殿、临江一面的水殿等六个单体建筑及其缠腰、副阶聚合成的一组建筑。它是由初期高台建筑的形式发展出来的。木结构技术的

插图三七之① 宋画《滕王阁图》

插图三七之② 正定隆兴寺摩尼殿

发展，已不再依赖成阶梯形的夯土台，只需适当配合应用殿、阁、重楼、平坐、副阶等，便可令成组建筑呈现高低错落的形式，并将屋盖互相连接起来，取得整体统一的感觉。而其结构，基本上仍然是每一个单体建筑保持着它独自的构架。只要看滕王阁中迎面的那一个龟头殿极明确地画出了它独用的柱子，便可了然。所以，各个单体建筑可以适用前述任何一种结构形式。其他如《金明池争标图》中的宝津阁、临水殿及五殿，《焚香祝圣图》中的殿阁，均是同一做法。

现有实例中有一个十一世纪中建造的隆兴寺摩尼殿［插图三七之②，图版72~74］，是在殿身周围建副阶，又在各面副阶中部建龟头殿，是较简明的聚合建筑形式。聚合建筑往往需借助于龟头殿、副阶或缠腰组成优美的形式。

龟头殿 是在殿阁主体外侧，当中一间之外加建的小殿（略似后代的抱厦）。一般是四椽一间厦两头造，它的山面朝前方，即在正（侧）立面中所看到的是有博风、垂鱼惹草的一面。

缠腰及副阶 在殿阁主体的外周加建屋檐或廊屋，即是缠腰或副阶。实例中有较晚的隆兴寺慈氏阁下层用缠腰［图版91］。它是在平坐外周永定柱外侧另立柱，用铺作挑出屋檐，两柱中相距仅45厘米，除椽尾钉于永定柱间的承椽串上外，基本上是一周独立的铺作屋檐结构。

副阶一般深两椽，一面坡屋盖，多建于殿身四周，即《营造法式》所称"副阶周匝"（也有只在殿身前方加副阶的）。这就使外观上出现了重檐形式。它本是与殿身不相联属的独立结构，如应县木塔及《营造法式》图样所示，在乳栿上仍使用蜀柱、脊槫，并不利用殿身柱上的由额或承椽串，即系独立结构的残迹。这种重檐，与前节所叙汉阙上看到的阶梯形的重檐不同，那是由特定的结构形式产生并随着结构的发展而消失了的形式。现在所说的重檐则是由两个不同高的建筑紧靠在一起所形成的，并不是由特定的结构形式所形成的。但是在随后的发展中，副阶与殿身结构又趋向于结合为整体。晋祠圣母殿便是这一发展的新形式［插图三一］。它本来是在一个五间八椽的殿身外周加两椽副阶，由于需用四椽深的前廊，于是殿身采用单槽结构，在平面布置上使两椽深的单槽与前面两椽副阶合并为外廊。这样就将副阶乳栿改为四椽栿，栿尾交于殿身内柱上，殿身的前檐柱则立于此四椽栿之上，使副阶和殿身柱连接起来。这一结构形式到下一时期中，已逐渐为重檐建筑所惯用。

三、楼阁平坐

自地面立柱网，柱网上安铺作，即是"平坐"，上面再立柱网建殿屋，即是"阁"。自地面建殿屋，又在上面建平坐、殿屋，则为"楼"。简言之，多层房屋最下层是平坐的，称为"阁"，最下层是殿屋的，称为"楼"。由于其形近似，阁、楼的称呼早已混淆不清了。

不论阁或楼，严格地说，也是聚合建筑。前一种聚合建筑是平面的聚合，楼阁则是垂直的聚合。平坐、殿屋或殿屋、平坐，自下而上重复叠合而成。它们聚合的特点，在于惯用平坐作为上下层的联系、过渡。

上面所说自地立柱的平坐形式，实例如《滕王阁图》中的正阁及龟头殿即属此式［插图三七之①］，由于它在平坐铺作之下加建了缠腰，颇易误认为楼。这种形式是由栈道的排柱和挑梁发展成单座的阁，已详前两节。《营造法式》"平坐"条下说"其名有五：一曰阁道……"是最好的注释。阿斯塔那发掘出的唐代明器木平坐［插图三八］，则给予我们一个最简明的平坐结构形式。

阁在敦煌唐代壁画中仍是常见的形式，但同时也出现了在平坐永定柱外围加上一周屋檐（缠腰）的形式，这就改变了它的外观形象，成为在下层屋檐的屋脊上显露出

插图三八　新疆阿斯塔那墓地出土唐代明器木平坐

插图三九　敦煌第 217 窟壁画

平坐铺作，此后即成为多层建筑所喜用的新形式［插图三九］。从独乐寺观音阁、应县木塔的结构看，随着新的外观形式的出现，也就进行了结构的改革。将自地面立永定柱外加缠腰的平坐，改进为自下层铺作上立柱的平坐。而外观表现为平坐的部分，在内部成为一个结构暗层，大大加强了多层建筑结构的强度和稳定性。

另一种平坐只见于绘画作品：成组建筑或单体建筑，如《滕王阁图》或《清明上河图》［插图四○］中的城楼，建立于略高于地面的平坐上，实质上是在建筑物下加建了一个用铺作结构做成的基座。当然，它较之直接自地面立柱网要坚强稳定。这种做法似乎多应用于面积较大或不用砖、土厚墙的建筑。可能因为这种做法过于浪费，所以不再见于以后各时代中。

无论哪种平坐，均最适宜于采用佛光寺结构形式，以便于在其上建殿屋铺楼面。为了承载楼面的活荷重，除柱头铺作外，补间铺作也同样做成内外铺作

相连的横架。而所有在外观上可见的铺作都使用斗栱，隐藏在内部的铺作则使用方木层叠的井幹形式。这都是见于独乐寺观音阁和应县木塔的，可能是当时惯用的做法。

建于殿屋之上的平坐柱，立于下层铺作内侧出跳栱方或栿上，一般较下层柱中退进一个栌斗长，这就使平面面积略小于下屋面积。建于平坐之上的殿屋柱，则叉立于

插图四〇　宋《清明上河图》（局部）

下层铺作中心直到栌斗之上［插图三三］。这个方法对于增强多层建筑的稳定性是很必要的。而这个层层收小的外形，再加以各层本身都有侧脚、生起，使全部外观呈现出优美的轮廓线，兼收艺术的效果。

四、侧脚与生起

建筑物的柱子不垂直于地面，略向中心倾斜，即是侧脚；自每面中心向四角，柱子逐渐加高，即是生起。这两项措施使整座建筑物重心内倾，使木框架结构各个榫卯结合点更加紧密牢固，也加强了整体结构的稳定性。另一方面还起了视觉矫正的作用，抵消了眼睛产生的错觉，使我们对建筑物的外观形象得到平直的感觉。这种做法也有长期的传统，东汉画像砖上已有了侧脚的明确表现，天龙山第 16 窟三间窟廊做出了显著的生起。各个实例证明，到本时期侧脚、生起已经是普遍应用的做法，有一定的法则，并由《营造法式》所总结记录。

第五节 《营造法式》_{（原注二十）}

这是一部成于北宋元符三年（公元 1100 年）的建筑学专书，包含着建筑规范和工料定额手册的性质。全书分为总释、总例、制度、功限、料例、等第、图样等部分。仅以制度论就涉及建筑设计、结构设计、施工方法及程序，以及砖、瓦、琉璃等建筑材料的制造方法，内容极为全面。各项制度规定都贯彻着标准化、规格化的目标，尤以大木作制度的材份制最为突出，体现了本时期木结构技术发展的重大成就，反映出自唐代以来的经验总结。

据编著者李诫的自述，该书是按照工匠讲述编写的，"乃诏百工之事，更资千虑之愚。臣考阅旧章，稽参众智"[1]，可谓"自来工作相传，并是经久可以行用之法"[2]，所记录的正是工匠在世代相传的基础上不断改革的成果总结。现存唐宋实例，尽管各有特点、各有异同，但大体上又均与《营造法式》的规定相近，进一步证明本书是这一阶段的实践总结。在这里，我们不能对《营造法式》作全面的研讨，只举出有关木结构技术发展的几个要点，尤其是关于"材份制"，以说明这一阶段木结构发展的最后概况。

一、"材分八等"_{（原注二十一）}

据现存实例测量结果，现存时代最早的建于中唐时期的南禅寺已经使用材份制，可见这是一个由来已久的制度。经过长期的发展，到本时期末，已经形成了一个细致的、按强度划分的用材标准，即《营造法式》所记录的"材分八等"及其对各种构件截面、长度等的标准规定。

首先对矩形构件截面的高宽比，一般规定为 3∶2（参照附表 2 实例测量记录）。可见这是从长期实践经验中整理出来的统一规定，同时又是一个经过科学研究的规定。因为要从直径为 d 的圆木中锯出一根抗弯强度最大的方料，根据材料力学的理论，最

---

[1] 李诫：《营造法式（陈明达点注本）》第一册序目《进新修营造法式序》，浙江摄影出版社，2020，第 16 页。
[2] 同上书，第 42 页。

强截面的宽度 b 为 $\dfrac{d}{\sqrt{3}}$，高度 h 为 $\sqrt{\dfrac{2}{3}}\,d$；高宽比为 $\sqrt{2}:1$。如在同一直径的圆木中按此比例或 3∶2 比例锯出的两种方料，其截面的宽度、高度、截面模量（$S=\dfrac{1}{6}bh^2$）以及截面模量的比值如下：

$\sqrt{2}:1$ 与 3∶2 截面模量比值

高宽比	b	h	$S=\dfrac{1}{6}bh^2$	S 比值
$\sqrt{2}:1$	0.5774d	0.8165d	0.06415d^3	100%
3∶2	0.5547d	0.8321d	0.06400d^3	99.77%
2∶1	0.4472d	0.8944d	0.05962d^3	92.94%

可见 3∶2 截面的 S 值仅偏低 0.23%，在实用上几乎与理论值具有同样的强度。因此，可以认为采用 3∶2 比例从圆木中锯出的矩形截面，既是最强截面，又是整数比值，便于记忆和应用，是非常科学的。

其次，它规定将材的高分为 15 份，按 3∶2 的比例，宽就是 10 份。并且将材的具体尺寸分为八个等级，规定其使用范围如下：

材等尺寸及使用范围

材等	宽×高（寸）	份值（寸）	使用范围
第一等	6.0×9.0	0.60	殿身九至十一间
第二等	5.5×8.25	0.55	殿身五至七间
第三等	5.0×7.5	0.50	殿身三至五间，厅堂七间
第四等	4.8×7.2	0.48	殿三间，厅堂五间
第五等	4.4×6.6	0.44	殿小三间，厅堂大三间
第六等	4.0×6.0	0.40	亭榭或小厅堂
第七等	3.5×5.25	0.35	小殿或亭榭
第八等	3.0×4.5	0.30	小三榭或殿内藻井

可见材的具体尺寸，是和建筑规模成正比的。其中七、八等材只用于园林中的点景小建筑或殿内藻井，不是主要结构材。此种规定和实例相差不多。实例中以使用相当于三、四等材的为最多［附表2］，最小用材约相当于五等材。所以，材等的规定也是有实践基础的，并且也提到了科学的高度。

八个材等的宽度从3寸至6寸，一般每等差5份。但三到六等材之间，每等只差2或4份，四等材为4.8寸，五等材为4.4寸。为什么这样分等？我们看，聚合型建筑的组成是有主体建筑和从属建筑之分的，如滕王阁正阁是主体，副阶龟头殿是从属。显然从属建筑体量要小得多，不必使用同主体建筑一样大的材等。同时从属建筑的间广、屋面重量等，又大致与主体建筑相近，所使用的材又须相差不大。因此，《法式》一方面规定"若副阶并殿挟屋，材分减殿身一等"[1]；另一方面又须使相邻材等的强度相差不大，并且各等材有比较均匀的差距。试将主要结构用材即一至六等材，以其宽度4至6寸范围内，按强度成等比级数分成六个等级，其理论截面尺寸如下：

第六等　　b_6=4.00 寸　　　　　　　　h_6=6.00 寸

第五等　　b_5=（1.0845）b_6=4.34 寸　　　h_5=6.51 寸

第四等　　b_4=（1.0845）$^2 b_6$=4.7 寸　　　h_4=7.05 寸

第三等　　b_3=（1.0845）$^3 b_6$=5.1 寸　　　h_3=7.65 寸

第二等　　b_2=（1.0845）$^4 b_6$=5.53 寸　　h_2=8.29 寸

第一等　　b_1=（1.0845）$^5 b_6$=6.00 寸　　h_1=9.00 寸

除第一等和第六等为整数外，其余都是不规整的零数。按《法式》对数字取值的习惯，一般是尽量取用整数，避免零数。如必须取几位数字时，则最后一位数为双数或五，而少用其他单数，以便于应用和记忆。按照这一习惯进行调整取舍，恰好就是材等规定的数值。而八个材等的截面模量及其相邻的比值则如下：

---

[1] 李诚：《营造法式（陈明达点注本）》第一册卷四《大木作制度一·材》，第74页。

八个材等的截面模量及其相邻的比值

材等	$b \times h$（寸）	$S=\frac{1}{6}bh^2$（寸）	S_{n-1}/S_n
第一等	6×9	81.00	
第二等	5.5×8.25	62.39	81.00/62.39=1.30
第三等	5×7.5	46.88	62.39/46.88=1.33
第四等	4.8×7.2	41.47	46.88/41.47=1.13
第五等	4.4×6.6	31.94	41.47/31.94=1.30
第六等	4×6	24.00	31.94/24.00=1.33
第七等	3.5×5.25	16.08	24.00/16.08=1.49
第八等	3×4.5	10.13	16.08/10.13=1.59

上列数字，证明材分八等是按强度划分的。第一等至第六等主要结构材、相邻材等既有一定的强度差别，又有比较均匀的比值。当替代大一级的材等时，增加的应力最多不超过三分之一，可见材分八等有高度的科学性，是木结构技术的重大创造之一。

另外，《法式》还有一条"栔广六分厚四分，材上加栔者谓之足材"[1]的规定。栔高也就是栱方之间的空距，从实例和卷三十图样得知"材上加栔谓之足材"，是说其高度为 15 份加 6 份，即 21 份，厚仍为 10 份。这是材份制中的一个特例，它的高度比不是 3：2，而近于 2：1。因为出跳构件起悬臂梁的作用，有增加截面强度的必要，所以只有华栱等构件规定用足材。它的厚仍为 10 份，增高部分只是填补了栱方之间原有的空距，是一个便于铺作构件结合的方法（顺便提一下，有些梁栿截面常以几材几栔规定高度，也是为了便于与铺作构件结合）。但是所有实例的栔高［附表2］极不一致，而且绝大多数在 6 份以上，甚至超过 8 份。看来，早先对栔高还没有取得统一的规定，到《法式》时才考虑到铺作构件既要便于结合，又需增加出跳构件强度，应从这两方面的需要作出规定。由于单材与足材的截面模量比（如下表所示）差不多是 1：2，即强度已增加约一倍，已足敷应用，故改革了参差不一的习惯，确定了栔高 6 份，足材高 21 份。

---

[1] 李诚：《营造法式（陈明达点注本）》第一册卷四《大木作制度一·材》，第 75 页。

单材、足材截面模量比值

类型	$b \times h$（份）	$S=\frac{1}{6}bh^2$（份）	S 比值
单材	10×15	375	100%
足材	10×21	735	196%

二、"凡构屋之制皆以材为祖"[①]

即房屋建筑的一切制度，均以材为基本标准，以材为模数，份为分模。材的等级及其尺寸、份值已详前叙，但它是怎样作为模数运用的呢？只要略加注意就可看到，在一座建筑物中使用最多的构件截面恰恰是一材，而其他的构件是材或"份"的整倍数。《营造法式》对长期的实践经验作出了系统的、全面的整理、总结，并提到科学的高度，制定出从材等的应用范围到房屋的间广、椽长以及各种构件的详细材份数，使材既是八种规格的结构方木，又是建筑和结构设计中运用的八种模数。采用这一方法设计的各类建筑，标准化的程度很高，从构件到整座建筑都是标准化的。

由于按照这种原则建造起来的每一类房屋建筑的间、椽和各种构件的尺度都各有规定的份数，所以采用不同材等建造的规模大小不同的、每一类房屋建筑的间，是几何相似的。同样，每一种构件的尺度，也都是几何相似的。根据结构相似理论，可以证明这种几何相似构件，在使用荷载下的应力是完全相等的。这种方法不仅有利于建筑标准化，且避免了复杂的结构计算，方法简单，非常实用，从而把木结构技术从理论上、实践上都提高到前所未有的高度。

《法式》对于各种构件的截面，都是按强度规定的，试以殿堂结构为例，按照瓦作、泥作计算出屋盖自重（按斜面计）最大值每平方米400公斤，屋面斜长与水平投影之比为1.2，计算出椽子、檩、梁于屋面恒载作用下的弯曲应力如下表：

[①] 李诫：《营造法式（陈明达点注本）》第一册卷四《大木作制度一·材》，第73页。

殿堂椽、檩、梁于屋面恒载作用下的弯曲应力

椽子		檩条		梁			
					乳栿、三椽栿	四、五椽栿	六、八椽栿
间距（份）	18～19	椽子水平距(份)	125～150	椽子长（份）	150	150	150
水平跨度（份）	125～150	跨度（份）	250～375	檩条长（份）	375	375	375
直径（份）	9～10	直径（份）	21～30	梁高×宽（份）	42×28	45×30	60×40
跨径比	13.9～15	跨径比	11.9～12.5	支座反力（p）	1.17	1.75～2.1	2.75～3.75
弯曲应力（公斤／平方厘米）	23.6～26.2	弯曲应力（公斤／平方厘米）	51.5～47.7	应力（公斤／平方厘米）	57.3	69.7～83.8	46.4～63.2

注：（1）椽子的轴向力忽略未计。（2）椽、檩、梁的自重忽略未计。（3）p 为一根檩条承担的屋面重量。

核算结果，表明各项构件的截面份数都规定得比较准确恰当。各种构件之间的应力有一定出入，但是由于用料优劣不同，从允许应力来看还是比较合理的。各种构件有比较接近的安全度，如包括风雪荷载和构件自重在内，各构件的弯曲应力大约为现代木结构设计允许应力的二分之一至三分之二，安全系数比现代木结构大约高半倍到一倍。因此，《法式》对各种构件截面份数的规定是合理的，有科学根据的，基本上达到了设计等安全度结构的目的。

三、建筑规模及基本尺度

《营造法式》关于间广、椽长的份数虽无专条规定，但我们从书中所提出的各项具体尺度及其相互关系，仍可得出它的材份数。如：殿堂间广系以每朵铺作 125 份计算，每间用补间铺作一朵或两朵，间广即为 250 或 375 份。每朵铺作所占份数又允许有增减 25 份的伸缩余地，即可以小至 100 份或大至 150 份，而间广就可以在 200 至 450 份之间，但最大间广很少使用，一般尽可能限制在 375 份以内。同样得出厅堂间广为 250 至 300 份，允许的增减范围为 200 份到 375 份，并力求限制在 300 份以内。据此，如以 375 份用一等材计，间广可达 7.2 米。如附表 3 中所列实例间广折合成材份，则间广

为 252 份至 438 份，其中大部分在 375 份以内，超过 375 份的只有六例，但也都在允许范围之内。

椽子水平长度为 125 至 150 份，可以减少至 100 份。与附表 3 实例对照，椽长大多数在 100 至 150 份之间。有一例少于 100 份、九例超过 150 份，其中最大一例 180 份，当为个别现象。可见《法式》正是依据长期实践经验，在经过对构件应力核算的基础上规定出间广、椽长的份数，使它既符合标准化的要求，又有灵活运用的余地。

按照《营造法式》规定，最大平面可达十一间十二椽，按照间、椽最大规定份数 375 份、150 份，并以一等材计，间广 247.5 尺、进深 108 尺。以宋尺每尺折合 32 厘米，则面积可达 2737 平方米。可见到本时期末，单座建筑可能达到的规模，已大为超过现存实例［附表 1、3］。单座建筑规模扩大，在结构上即是基本尺度——间广、椽长增长。这意味着木结构技术的巨大发展。

柱高与结构的关系不大，而与建筑的立面外观关系密切，应属建筑设计的问题。因为《营造法式》柱高的规定以间广为标准，故在此一并提及。原书中只有两句："若副阶、廊舍，下檐柱虽长，不越间之广"，"若厅堂等屋内柱，皆随举势定其短长"。[①]厅堂屋内柱，将于以后厅堂结构形式中一并讨论，这里只谈殿堂副阶下檐柱。"不越间之广"即一般为 250 至 375 份，当然也可增减至 200 或 450 份。在附表 4 实例中为 218 至 375 份，并且也都没有超出间广（其中奉国寺大殿间广 5.90 米，柱高 5.95 米（不包括普拍方），超出 5 厘米合 2.5 份，实际极为有限，甚至可以认为是施工误差），一般都略小于间广。当然柱高还要受使用要求的制约，最低高度与人的高度及功能要求有密切的关系，实例中单层建筑最小为镇国寺大殿 3.42 米，应县木塔第五层为 2.73 米。

另外还有殿堂殿身柱与副阶柱高的关系，在《法式》中也遗漏未记，只能参照实例略作推测。现有两个实例：晋祠圣母殿及应县木塔一层［附表 4］，殿身柱高均约为副阶柱高的两倍，而副阶柱高则略大于间广规定的下限 250 份。同时副阶一般为两椽，按实例所示，自地面至屋脊高度恰与殿身柱高相等。这就暗示出四椽屋的正面总高，为其檐柱高的两倍。当然这主要仍是建筑立面设计的问题，只是它也指出四椽屋自檐

---

① 李诫:《营造法式（陈明达点注本）》第一册卷五《大木作制度二·柱》，第 102 页。

柱以上结构高度的限制。说明当时结构与建筑形式的密切配合，结构技术已发展达到能够多方面适应建筑的各种要求的程度。

四、铺作

《营造法式》大木作制度共两卷，铺作占一卷；大木作功限三卷，铺作占两卷。总计铺作占据了大木作的五分之三，既反映了铺作结构的复杂，又反映了当时对铺作的重视。它对铺作的各种构件及其组合方式，详细精确地规定出材份数，极力做到标准化、规格化，以利于施工操作。

但是大部分制度规定，都是属于建筑形式的。而按照规定绘出的标准图，与佛光寺大殿等早期铺作相比较，虽然保持着铺作各组成部分的形象，但由于梁栿加大，铺作构件相对地减小，梁栿占据了较大的部位，铺作的总高大为缩小〔插图二八之⑦至⑩，插图二九之③〕。原来错综交织的组合，发展成较简单的组合，实质上已经导致铺作结构简化，削弱了原有各构件的功能，趋向于用大截面的梁栿代替那些功能。铺作结构，早先本是全部结构改革的产物，现在反过来，对铺作结构简化改革，又将引起全部结构的改革，自此以后开始了一个新的发展阶段。

用大截面梁栿取代铺作的原有功能，意味着铺作结构发展到高峰后也走向自己的反面，开始衰退。这个现象如果只孤立地从铺作结构本身看，就会得出是倒退不是前进的错误看法；只有把这个现象放到全部木结构技术发展中，才能理解它是全部发展中的一个必然现象，是在发展进程中淘汰不适应新的经济基础的旧形式，而走向更高一级的发展。具体地说，是木结构构件从自发地使用截面大小不同的构件，发展到自为的、科学的、经过应力核算的合理使用不同截面的阶段。它集中表现在能够按照不同跨度、荷重规定截面份数，从而把那些烦琐费工的结构形式淘汰。

五、殿堂与厅堂

《营造法式》在大木作制度中按殿堂、厅堂、余屋三类建筑规定各种构件材份，殿堂材份最大，厅堂次之，余屋最小。这种建筑分类，本来是出于封建统治阶级按等级使用建筑的政治经济制度，这也就反映出殿堂是高标准建筑，厅堂次之，余屋是低标准建筑。但在卷三十一图样中，又可看出殿堂、厅堂是完全不同的结构形式，所以它同时又可以作为两种结构形式的名称。

卷三十一共列举了十八种厅堂结构的横断面，另在卷三十举折分数图样中有一个横断面，共计十九例，是从十椽到四椽各种跨度的屋架形式，用原文的话说是"用梁柱"的方式。具体形式见插图四一，其要点如下：

1. 一般在外檐柱上用四铺作，仅八架椽屋一例用六铺作，用铺作小是通例，但制度中并未明文规定不使用大铺作；

2. 栿首均在铺作之上，栿尾入内柱；

3. 内柱均随举势定长短，增长至上一栿首之下，用斗、栱与栿首相结合；

4. 凡使用中柱各例，柱长均至平梁之下；

5. 亦可不用内柱，使用通檐栿；

6. 十椽、八椽屋，室内用二柱以上者，最内两柱之间或中柱与相邻内柱中间，使用顺栿串，其位置在外侧乳栿或三椽栿栿尾下。

这种结构形式与实例海会殿形式完全相同。虽然实例不多，但可断定是当时使用较多的形式［附表1］，此十九例应已包括普遍应用的梁柱结合方式。使用顺栿串各例，显然是考虑到这种结构形式跨度过大时的水平推力所采取的措施。其举折分数一图，则表明厅堂结构亦可于外周加建副阶。

殿堂结构共列举了四种平面及横断面。原书平面图标题为"殿阁地盘分槽"，横断面图标题为"殿堂草架侧样"［插图四二］。阁、堂是多层和单层的分别，平面图适用于单层及多层建筑，故称为殿阁。断面图所绘为单层建筑，故称殿堂。所谓"地盘分槽"即是结构布置，图中绘出了铺作分槽布置的形式。所谓"槽"，即是由铺作组成的框架所划分的平面及空间。殿堂结构的特点，大体与佛光寺结构形式相同。四个分槽图中，单槽图见于实例中的有晋祠圣母殿和雨华宫［附表1］。斗底槽结构布置近于佛光寺，仅将后排内柱的额方向两侧延伸，与山面檐柱结合。分心槽是使用一列中柱的形式，近于独乐寺山门，但又增加了横向柱列及铺作，将平面分为六个"槽"。双槽则未见实例。

有两个断面图上的屋架分椽不与内柱相对应，即檩条不在柱中线上，是一特点［插

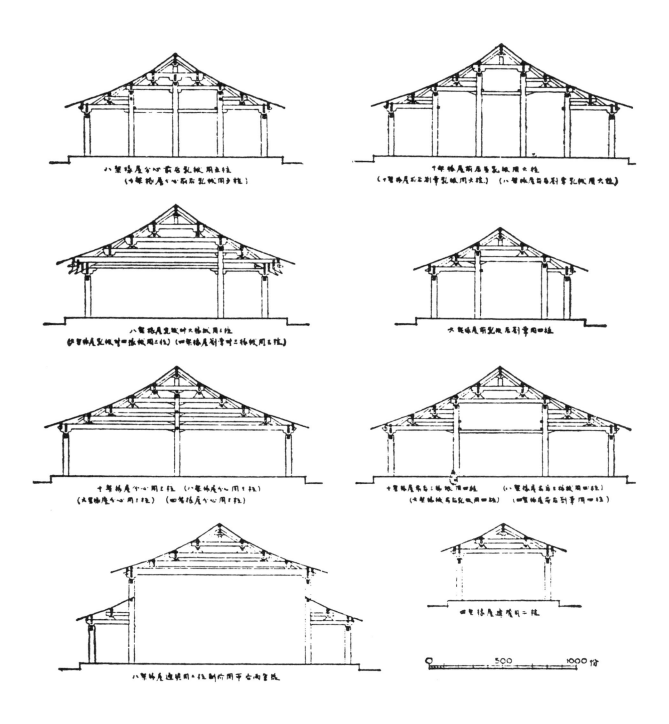

插图四一 《营造法式》厅堂等间缝内用梁柱图（部分）（陈明达绘）

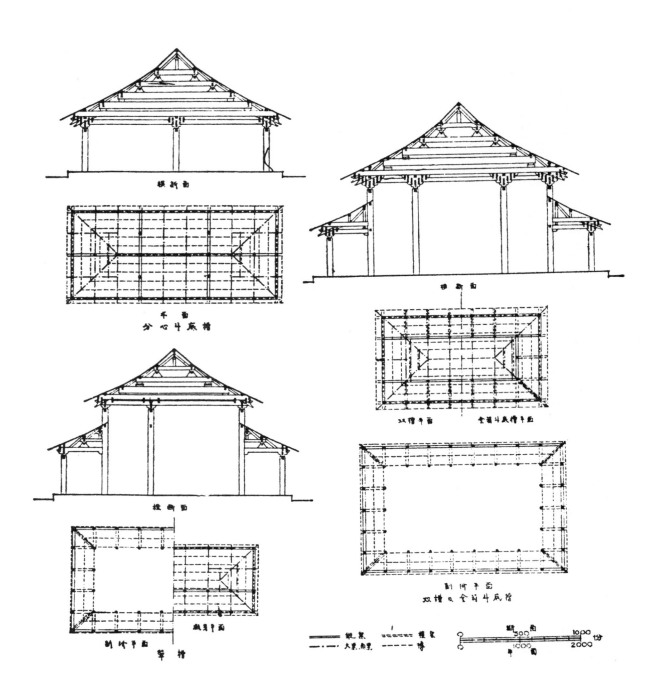

插图四二 《营造法式》殿堂分槽及侧样图（部分）（陈明达绘）

图四二〕。按常用材份，间广 300 份，椽长 150 份，恰好每间两椽，前举十九个厅堂断面图均无例外。而四个殿堂图样中，有三个断面是四间分为十椽，每间两椽半，另一个断面是三间分八椽，每间为 $2\frac{2}{3}$ 椽。以材份计，四图间广均为 375 份，所以前三者每椽合 150 份，后者每椽合 140.625 份。如按每间分两椽，则前者可分八椽、后者可分六椽，每椽均为 187.5 份。因此，可以断定殿堂间广虽增至 375 份，而椽长仍限制在 150 份以内，所以檩条不在柱中线上。而它能够这样做，则是由于殿堂结构的铺作分槽和其上的屋架是上下两层结构的重叠，同时又是使用通连前后檐的大梁，故屋架和檩条位置可以灵活布置。

综上所述，《营造法式》综合了自唐以来的结构形式，将海会殿、佛光寺两种结构形式整理归纳为厅堂、殿堂两种结构形式，而淘汰了最繁难的奉国寺结构形式，并且有了新的发展，予以系统化、标准化，简化了若干个别的、局部的做法，制订出各种标准图样。其中殿堂结构的分槽布置，显然较实例丰富多样，所以与铺作结构简化相反，分槽布置趋向多样化及转繁。这一转变将在后期实例中得到具体的证实。因此，此结构形式可视为新的结构改革的萌芽。

此外，在《营造法式》各篇记叙中，还反映出另两种结构形式：

第一种见卷五《举折》篇，八角或四角斗尖亭榭簇角梁法，卷三十并有图样。据图可略知是用于小亭榭的结构形式，它只在转角处用角梁，各角梁尾总交于亭榭中心的枨杆上（即不落地的中心柱，如后代的雷公柱）。但在本时期实例中尚未发现此式，其详尚难备述。

第二种亦见于卷五《举折》篇，举屋之法条下原注文提到："若余屋柱梁作或不出跳者，则用前后檐柱心。"[①] 因知余屋所用结构形式还有柱梁作或不出跳。所谓"柱梁作"应即不用铺作的结构，不出跳者应为斗口跳、把头绞项作，而柱梁作应是最简单的结构形式。在《营造法式》卷十九《大木作功限》中，又有"单科只替"的名称，仓厫库屋、常行散屋、营屋等，功限所列名件造作功下，有斗及替木而无栱、昂、耍头等名件，则所谓"柱梁作""单科只替"，应为同一做法的不同名称。它应是最普遍

① 李诫：《营造法式（陈明达点注本）》第一册卷五《大木作制度二·举折》，第 113 页。

应用的结构形式。由功限所列名件，已可推知是柱梁结合成的抬梁结构，仅于某些结合点如檐柱与梁头、蜀柱与脊榑等处，使用斗或替木。这种结构形式常见于宋代绘画作品中，为民间最惯用，工匠最熟习，所以在《营造法式》中未另列图样。

六、榫卯

榫卯是木结构的重要技术之一。《营造法式》卷三十图样中将榫卯分为三类，即铺作卯口、梁额卯口与合柱鼓卯［插图四三］。

铺作卯口在卷四中并有明确规定："凡开栱口之法，华栱于底面开口深五分，广二十分。口上当心两面各开子荫，通栱身各广十分，深一分。余栱上开口深十分，广八分。"[1] 又："凡四耳枓，于顺跳口内前后里壁各留隔口包耳，高二分，厚一分半，栌枓则倍之。"[2] 以之与图样对照，实即凡悬挑构件（包括华栱）均为下开口，与悬挑构件

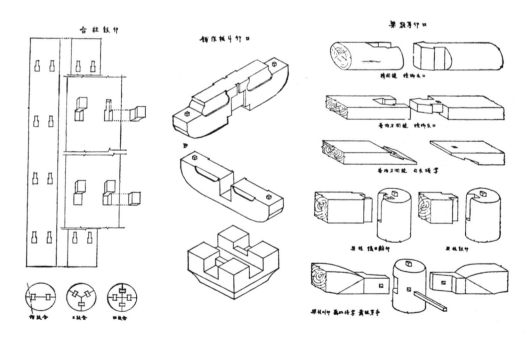

插图四三 《营造法式》榫卯图（陈明达绘）

---

[1] 李诫：《营造法式（陈明达点注本）》第一册卷四《大木作制度一·栱》，第79页。
[2] 李诫：《营造法式（陈明达点注本）》第一册卷四《大木作制度一·枓》，第88页。

成正交的构件均为上开口。显然是考虑到不使悬挑构件因开割卯口而过多地影响其强度。四耳斗即指十字开口的交互斗、栌斗，斗口内所留隔口包耳及华栱栱身子荫，都是保证各构件结合后不致产生错动的方法。因此，铺作卯口的结合方法，也是各种水平构件纵横交叉结合的方法。

梁额卯口，包括梁柱、槫、方、普拍方等的拼接方法，实即将短件对接伸长的方法和水平构件与垂直构件的结合方法。合柱鼓卯，则系用二至四条小料合并为一条大立柱的方法。这两类卯口及鼓卯，均以保证拼接的构件受外力后不致拉开、脱榫为原则。

以上三类榫卯，代表了在三种不同要求下的结合方法。所应用的做法是科学的、合理的，施工操作也较容易。1974年落架重修唐代的南禅寺大殿，山西省文物工作委员会曾详细测绘记录了它的榫卯，基本上与《营造法式》所载相同。尤其槫方等构件拼接，均使用螳螂头口，保证了水平构件连接紧密牢固。由此可见《营造法式》所规定的榫卯方法，也是古代匠师们在长期实践中总结出来的，是本时期普遍应用的方法。

第六节　建筑技术提高到标准化、规格化的科学水平

以上从现存实例和《营造法式》的制度规定两方面，对本时期木结构建筑技术作了概略的叙述和分析。总括起来得到一个发展的轮廓：盛唐时木结构建筑的发展，无论从建筑形式、结构技术或其他方面看，都取得了优秀的成果，达到全面提高的程度。北宋及辽接受了唐代遗产，致力于总结实践经验，结合科学研究提高理论认识，整理出既是建筑设计模数又是结构设计模数的材份制，达到标准化、规格化的科学水平。

隋文帝杨坚建立起统一的隋朝后，推行了一些有利于发展经济文化的政策。人民经过东汉以后至隋初的长期苦难战乱后，获得了全国安定的条件，能够比较安心地从事生产，仅二十余年便迅速取得了巨大的成果。全国人口和耕地面积增加，社会经济上升，国家库藏充实，从而也推进了科学文化的发展。

隋代科学文化的成就，如编制《切韵》，统一了中国文字的声韵，为音韵学奠定

了基础。以后唐代孙愐编的《唐韵》、宋代陈彭年编的《广韵》，均由此发展而成。又如唐代李淳风制订的古代名历之一《麟德历》，也是在隋代刘焯制订《皇极历》的基础上编成的。在建筑方面，历史上闻名世界的唐长安城规划，即是在隋代开皇二年（公元582年）制订的大兴城规划的基础上修订而成的。大业年间（公元605—618年）由名匠李春建造的赵州大石桥，应用敞肩券（原注二十二），是当时世界上最先进的技术，历时一千三百余年，至今仍屹立于洨河上。文献中的"观风行殿，上容侍卫者数百人，离合为之，下施轮轴，推移倏忽，若有神功"（原注二十三），又有"六合城……夜中施之，其城周回八里（约合3721米），城及女垣合高十仞。上布甲士，立仗建旗。四隅置阙，面别一观，观下三门，迟明而毕"（原注二十四），则应为大规模的活动房屋。凡此，均说明了隋代建筑技术的高度发展。隋代经济文化的发展是迅速的，但因为它是在长期破坏之后恢复发展，面临着百废俱兴的形势，加以时间不长，所以科学技术的恢复和发展还在一个刚刚开始的情况下。但是，它是一个重要的开端，上列许多事实均说明唐代文化的成就大多是在隋代的基础上发展起来的。

隋代后期十余年，遭受以炀帝杨广为首的封建专制集团的暴政，庶民苦于无休止的劳役和沉重的盘剥，严重破坏了社会生产。唐代初期李世民接受了农民暴动的教训，恢复隋初有利于巩固封建统一国家、发展生产的政策，使短时期停顿的生产再度恢复。经过一百余年的休养生息，到盛唐时农业、手工业空前发展，水陆交通发达，国内国际商业贸易兴旺，国势富足强盛。科学方面如天文、数学、医学，文艺方面如诗、文、雕塑、绘画，都达到高度先进的水平，在世界上发出灿烂的光辉。

在这个经济文化全面繁荣的背景中，建筑方面也是一片欣欣向荣的景象。社会对建筑不仅要求满足各种使用需要，还要求有一定的艺术加工。如长安城及大明宫遗址，显示出当时城市规划和建筑组群的宏丽规模，实例及其他遗物表现出了本时期建筑匠师所创造的丰富多彩的建筑形式，出现了结构与艺术高度结合的完美范例。结构方面，铺作结构、各种结构形式，都是极为工巧的新创造，而文献所记洛阳明堂高达294尺（约88.2米）、方300尺（约90米），更体现出木结构技术的高度成就（原注二十五）。

唐代建筑技术的发展，还有它特定的因素。唐代以前建筑工匠多为刑工、工奴性质。专业匠师都被封建统治者编为世袭户籍，子孙不得改业，使匠师世代依附于官府、门阀，实际上和工奴相差不多，社会地位卑下，饱受强制性的盘剥。到唐代缘于社会发展的形势，建筑工匠的这种社会地位卑下的世袭户籍制度得以改变为轮番服役及雇佣制度，匠师们赢得了应有的人身自由，提高了生产积极性，从而也提高了技术水准和创作兴趣。如柳宗元（公元 773—819 年）《梓人传》[①]所记即是一例。他记述了一个能"画宫于堵，盈尺而曲尽其制，计其毫厘而构大厦，无进退焉"的匠师。他既能设计、绘制施工图样，又"善度材"和调度、指导施工。他住在城市中以设计和指导施工为职业，当时称之为"都料匠"，其性质已相当于近代的建筑师。由此，也可看到建筑技术的发展，已经从木工中又划分出称为都料匠的专业匠师。这种专业可能在唐代初期已经出现，而一直相沿到宋代。如唐总章二年（公元 669 年）的明堂诏书中不但描述出拟建明堂的规模、形式，而且还详细列举出楣、梁、柱、上昂、下昂等构件的数目。这就绝不是作为业主的普通官僚或乡绅们所能做到的了，而必然是根据都料匠的设计图样和估算所得来的。又如宋初时的木工喻浩以编著《木经》和建开宝寺塔闻名，文献中称之为"国朝以来木工一人而已，至今木工皆以喻都料为法"[②]，可见他也是一个都料匠。凡此都说明唐代开始的轮番服役和雇佣制度，改变了建筑领域中的生产关系，促进了建筑技术的发展。

　　唐末新一轮的社会动荡，进一步摧毁了贵族官僚按等级受赐和凭借权势占据土地的旧的社会制度，宋初开始，地主阶级主要以购买的方式来扩大土地占有，并以出租土地获取实物地租的方式获利。这种新的社会生产形式，使农民摆脱了魏晋以来奴婢、部曲、徒附等种种对业主的严格人身隶属关系，土地占有形式和利益分配方式的改变，标志着生产关系发生了重大变化，使中国古代封建社会又向前推进了一步，为社会生产和科学技术的发展创造了条件。在新的形势下，社会生产建设已不能再满足于唐代那种基本上要依靠工巧的手艺、过多的劳动力的方法，而需要有一些提高劳动效率、节省劳力的方法，这就为新的发展定下了方向。

---

① 柳宗元：《柳河东集·卷十七》，上海古籍出版社，2008，第 309 页。
② 欧阳修：《归田录》，载王辟之、欧阳修：《渑水燕谈录·归田录》，中华书局，1981，第 1 页。

宋代科学技术如天文、数学、医学都有新的发展。手工业中陶瓷、造船、纺织等水平显著提高。最突出的是：将古代的司南改进为"缕线法"磁针，创造出罗盘；发展了火药的应用方法，创造了各种火器；毕昇发明活字印刷术。凡此，集中地反映出当时的中国对运用科学改进生产技术、提高劳动生产率作出了巨大的贡献。在建筑技术方面也是如此，接受了唐代建筑的优秀成果而努力于应用科学理论的成就，改革那种过于繁难费工的结构形式，取得了合乎实用的材份制，对古代木结构技术作出了新的贡献，并且透过它，还可看到相关的科学技术水准。

如前述，"材分八等"以及"以材为祖"的等应力构件设计原则、构件截面份数的制订等，都不是只凭经验就能取得的，必须上升到理论的高度，通过必要的计算才能求得。所以，必定是当时的匠师已经掌握了材料力学的一定理论，能进行必要的计算，才能取得上述成果。梁的强度计算方法还需从科学实验取得数据，才能建立计算理论。《营造法式》记录的一些严格数据，如砖、瓦、石等材料的容重，是"诸石每方一尺，重一百四十三斤七两五钱，砖八十七斤八两，瓦九十斤六两二钱五分"①，和现代石灰石和砖瓦的重量完全符合，表明当时不仅进行了科学实验，而且已有一定的实验技术水平、计量水平和数学水平。所以，木结构技术不是独立的、独自发展的，它是和其他科学尤其是材料力学、数学等共同发展起来的。

北宋匠师在初步掌握梁的抗弯强度计算方法的情况下，就能巧妙地通过比例关系，正确运用强度理论，解决木结构设计中的实际问题，充分显示了我国古代建筑匠师们的高度智慧以及理论与实际密切结合的优良作风。

作者原注

一、梁思成：《清式营造则例》第二章《平面》。

二、《史记·秦始皇本纪》。

三、《三辅黄图》卷之二。

四、《新唐书·车服志》。

---

① 李诚：《营造法式（陈明达点注本）》第二册卷十六《壕寨功限·总杂功》，第117页。

五、祁英涛、杜仙洲、陈明达等:《两年来山西省新发现的古建筑》,《文物参考资料》1954年第 11 期。

六、梁思成:《记五台山佛光寺的建筑》,《中国营造学社汇刊》七卷一、二期。

七、张步迁:《福州华林寺大殿》,建筑理论及历史研究室南京分室,未刊稿。

八、窦学智:《余姚保国寺大雄宝殿》,《文物参考资料》1957 年第 8 期。

九、梁思成:《蓟县独乐寺观音阁山门考》,《中国营造学社汇刊》七卷二期。

十、杜仙洲:《义县奉国寺大雄殿调查报告》,《文物》1961 年第 2 期。

十一、刘敦桢:《苏州古建筑调查记》,《中国营造学社汇刊》六卷三期。

十二、祁英涛:《河北新城县开善寺大殿》,《文物参考资料》1957 年第 10 期。

十三、梁思成、刘敦桢:《大同古建筑调查报告》,《中国营造学社汇刊》四卷三、四期。

十四、同〔五〕。

十五、同〔十三〕。

十六、陈明达:《应县木塔》,文物出版社,1980 年第二版。

十七、林徽因、梁思成:《晋汾古建筑预查纪略》,《中国营造学社汇刊》五卷三期。

十八、莫宗江:《山西榆次永寿寺雨华宫》,《中国营造学社汇刊》七卷二期。

十九、梁思成:《宝坻广济寺三大士殿》,《中国营造学社汇刊》三卷四期。

二十、本节可参阅拙著《营造法式大木作制度研究》,文物出版社,1982 年。

二十一、"材分八等"及"凡构屋之制皆以材为祖",参阅杜拱辰、陈明达:《从〈营造法式〉看北宋的力学成就》,《建筑学报》1977 年第 1 期。

二十二、梁思成:《赵县大石桥》,《中国营造学社汇刊》五卷一期。

二十三、《隋书·宇文恺传》。

二十四、《隋书·何稠传》。

二十五、《旧唐书·礼仪志》。

第五章　南宋—元①

第一节　材份制的延续

　　通过前几章，可以看到木结构技术发展的过程。从材份制的逐步完善到运用受力构件截面的规制，从铺作结构形式到房屋规模和建筑形式，都可以看到建筑业发展到标准化、规格化阶段是必然的趋势。《营造法式》的作者倾听当时匠师的意见，总结前代经验，并作出系的文字记录，厥功甚伟。这些来自工匠世家的技术，一经整理归纳为文字记录，实即提高到了理论的层面，更便于普及及流传。南宋绍兴十五年（公元 1145 年），平江府重刊《营造法式》，即充分反映此书对此阶段建筑实践的重要性。

　　但是，我们在编写建筑史的过程中曾经产生过一个错误："至今没有发现一座宋朝建筑是完全按照《营造法式》的规定建造的。"（原注一）实际上，《营造法式》制度产生于北宋末，在此之前当然不会有完全相同的建筑。然而，它既然是总结前代经验、结合当时技术的产物，必定有许多相同的技术原则。而在《营造法式》以后也没有与之完全相同的建筑，这是因为《营造法式》的制度并不是绝对的规定，原书在作出标准规定之后，随即又提出了允许伸缩的幅度，使模数制在运用时有很好的灵活性、适应性。因此，每一建筑的各个部分绝不会是绝对相同的。它必然随着具体需要和条件，在允许的伸缩幅度内有所取舍，不可能产生完全与制度规定相同的建筑。

　　事实是现存自唐代至元代的建筑，绝大部分都符合《营造法式》的制度原则，直

---

① 此章以下，系陈明达先生未完成之遗稿。陈先生逝世后，由殷力欣据手稿残页整理校订，并经王其亨先生审阅。又，作者一向重视文章的插图，而生前未及亲自绘制或遴选，故本次由整理者在中国营造学社等机构历年所作图稿中挑选若干，水平有限，难免失当。

到元代末才开始出现脱离《营造法式》规定的现象。我们看《营造法式》最主要的规定，可以归纳为下列各项：

1. "材分八等"，最大广九寸，最小广四寸五分。"各以其材之广分为十五分，以十分为其厚。"① 房屋的长、宽、高，各种构件的长短、截面的大小等等，都用材份制定标准尺度。

2. 间广按斗栱朵数定，每朵斗栱以 125 份为标准，并允许增减 25 份。所以各间用一朵，补间广 250 份用两朵，补间广 375 份用三朵，可以减小到 200 份或增大至 450 份。椽平长最大 150 份，檐出（包括飞子）最大 144 份，最小 112 份。

3. 下檐柱高不超过明间广，四椽屋的总高（地面至脊槫背）等于两个下檐柱高，多增的房屋层高等于下檐柱高。举高，由四分举一至三分举一。

4. 铺作多用逐跳计心重栱，每间用补间铺作一朵或两朵。

5. 结构主要用殿堂或厅堂两种结构形式，屋盖主要用四阿、厦两头和不厦两头三种形式。

我们将前一阶段的二十四个建筑列为附表 1 至 5，本阶段的二十三个现存实例列为附表 6 至 10②，从表中可以看出绝大部分都在《营造法式》规定的限度之内。而且如用铺作，铺作朵数在前一阶段以用一朵的占多数，而本阶段则变为用两朵的占多数。又如举高，在前一阶段多数在四分之一或更低一点，本阶段则倾向高于四分之一，接近或等于三分之一，较前一阶段更近于《营造法式》的规定。直到本阶段末期才出现一些突破：延福寺大殿副阶用材小于八等材；真如寺正殿心间广 682 份，用补间铺作四朵；玄妙观三清殿、定兴慈云阁、真如寺正殿举高超过三分之一，后者合二分半举一，即屋盖坡度达 80%。

所以，应当说本阶段实际是《营造法式》制度的普及、延续的阶段。基本上是遵守

---

① 李诫：《营造法式（陈明达点注本）》第一册卷四《大木作制度一·材》，第 75 页。

② 此处所提的附表及下一章之附表 11 至 16（明、清）均未在作者遗稿中发现，应已散佚，殊为可惜。涉及附表问题，可参阅作者编写的《唐宋木结构建筑实测记录表》（贺业钜：《建筑历史研究》，中国建筑工业出版社，1992）。新近发现并整理出的《古代木结构建筑技术研究笔记》（见本篇附录）也含有相关内容，可参阅。

沿用《营造法式》的制度，但不断有许多细小的、制度原则以内的改变，到末期才出现个别突破旧制度的现象。以下各节将分析这类变化的实质以及由此引起的技术变革后果。

第二节　材份制的发展

一、材栔

附表 2、7 所列的材等是按实测数折算宋尺，比照《营造法式》各等材尺寸，以其相近数确定的，所以只是大致接近的材等，从中可以看出当时确实有材等的划分。至于当时究竟分若干等及各等的数字，现时还无法确知。我们从附表 2 中可以看出前一阶段用一至三等材较多，共十四例；用四至五等材较少，共九例；最小用六等材，仅一例。至本阶段用一至三等共七例，四至六等材共十四例，最小用八等材有两例。无论从使用数量还是年代前后看，都可以肯定用材等第是随年代逐渐减少的，至本阶段最后出现了两个八等材。严格地说，武义延福寺大殿用材为 15.5 厘米 ×10 厘米，合宋尺为广四寸八分四、厚三寸一分二，略大于宋八等材；而上海真如寺正殿用材为 13.5 厘米 ×9 厘米，合宋尺为广四寸二分二、厚二寸八分一，略小于宋八等材。而武义延福寺的副阶用材为 11.5 厘米 ×6.5 厘米，合宋尺为广三寸六分、厚二寸零三，至少应略小于宋八等材。

《营造法式》规定的材的广厚比是 15：10，即 3：2，而自隋唐以来始终保持不变。以材广为 15 份，其厚在前一阶段的实例保持在 9.3 至 10.8 份之间，后一阶段在 9.2 至 10.7 份之间。其中有两个特例：其一是前一阶段的晋祠圣母殿及开元寺药师殿，分别为 11.1 份和 11.6 份，广厚比是 3：2.2 或 3：2.3，材厚略大，但很可能是因材施用的结果；其二是前一阶段的福州华林寺大殿，材厚 7.7 份，本阶段的泰宁甘露庵五个建筑材厚均为 7 份，其广厚比出入于 2：1。它们都在福建地区，是须另行研究的重大课题。

栔高按《营造法式》为 6 份，即足材高 21 份。实例前一阶段栔高 5.7 份一例，6 份一例，其余二十二例都在 6.4 份以上，最大达 8.3 份。本阶段栔高 5.7 份一例，6

至 6.3 份九例，6.4 份以上至 8.1 份十三例，足证栔高逐渐降低，尤其倾向于高 6 份的标准。

材等降低意味着实际尺度的减小，或是减小规模，或是加大材份数。如上所述，广厚比 3 : 2，自来是不稳定的，似是量材施用所致，对材本身并不曾有何种影响；但也是使其他受力构件截面脱离 3 : 2 比例的因素。使用材等及栔高逐渐减小，这本是数字上的变化，但到后来却导致许多结构上的重要改变，终于在下一个阶段（明代）出现了一个突变。

二、间广

间广是十分重要的数字，现已明确唐辽以来建筑设计是先确定间广或柱高的材份数，并以此数为全部设计的准绳。《营造法式》规定铺作每一朵的间距以 125 份为标准，可以允许增或减 25 份，而间广则为铺作两朵或三朵（每间左右柱头铺作各半朵，补间铺作一或二朵）的间距。即间广 250 份，可以增减 50 份；或间广 375 份，可以增减 75 份。这样算来，间广在 200 到 450 份之间，但一般不超过 375 份。实测间广如附表 3、7。

前一阶段与后一阶段比较如下：

隋—北宋		南宋—元	
间广	252 ~ 286 份　五　例	间广	244 ~ 258 份　三　例
	295 ~ 378 份　十四例		304 ~ 380 份　十二例
	383 ~ 438 份　五　例		384 ~ 446 份　七　例
			682 份　　　　一　例

即大多数间广在 250 份到 375 份之间，超过 375 份的占少数，但仍在 450 份以内，至元末才出现上海真如寺正殿真正超过 450 份的一例。而两个阶段的对比中又可见后一阶段 375 份以下的数据较前一阶段减少，而超过 375 份的数据增加。可以认为间广有随年代逐渐增大的倾向。实际上间广如山西大同善化寺三圣殿［插图四四，图版 75］，心间间广 444 份，已达 7.68 米之巨。

用材份计的间广增大，就需增加各间的铺作朵数，这又都和用材等第互为消长，

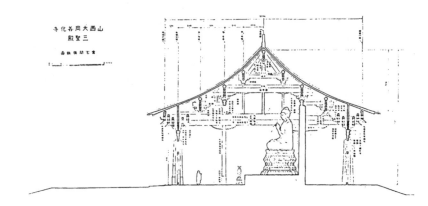

插图四四　善化寺三圣殿立面断面图

上海真如寺正殿是说明这一变化的佳例［图版76～78］。它的心间广682份，达6.14米，可以肯定是出于使用需要。按前一阶段的一般情况，最低应用三等材为384份，现降低材等改用八等材，故需682份，而铺作每一朵的标准是125份，可以容纳铺作五朵有余，故在容许增加每朵25份之内，将铺作间距增至136份，使用柱头铺作左右各半朵，补间铺作四朵。故间广超过所用材等的限制，而铺作间距仍按原标准规定时，就必须增加朵数。这是降低材等所引起的第一个显著的变化。

随之产生的问题是间广超出制度规定，那么受间广制约的受力构件中最主要的槫径的截面应当如何确定呢？《营造法式》规定：槫径一般是16至21份，殿阁最大可至30份，槫长等于间广即250份到375份，最长可至450份。我们在前章已经阐明《营造法式》规定的各种主要构件的截面都是在相应跨度下作出的。显然在间广大至682份时，已不适用那种截面的规定了。查附表10[①]，真如寺正殿槫径30或32厘米，即33.3或35.5份，超过了《营造法式》规定的最大的槫径。显然，设计者已经考虑了槫的应力，很重视这类有关结构安全的问题。它不仅够大，而且有余裕。这是如何计算出来的呢？现在还无从了解。但是如要核算槫径大小是否恰当，最方便的方法就是利用《营造法式》

————————
[①] 此表散佚。

的模数制。这是一种等应力构建原则，即将实测数按一定材等折算成份数，再与《营造法式》规定比较。如前面已算得间广 6.14 米合三等材 384 份，那么槫径 30 或 32 厘米也按三等材折算，得 19 份或 20 份。这就立即证明槫长和槫径是合理的。

三、椽平长

《营造法式》制度规定椽平长最大不得超过 150 份。从附表 3、8 中看到，自唐、北宋至南宋、元，各实例的材份数是比较稳定的，大部分都在 150 份以下，超过 10 份、达 160 份以上的，前后两阶段各四例。其中河北正定隆兴寺摩尼殿 180 份最大，超过 30 份，超过限额 20%，而实际尺寸以河北涞源阁院寺文殊殿 2.88 米为最大，合 166 份，超过规定 10%［插图四五，图版 79～81］；其次山西朔县崇福寺弥陀殿 2.825 米，合 170 份，超过规定 13%［图版 82］。很可能在《营造法式》以前，椽长允许在必要时增长 30 份，即最大为 180 份，而编写《营造法式》时才改定为不得超过 150 份，但习惯沿用迄未改变。椽这个构件是非常重要的，它的直接功能是负荷屋面荷载，传至槫、梁栿等。所以梁栿的长度是以椽衡量的，几椽栿即为几个椽长，如四椽栿、六椽栿等。固定了椽长的限额，也就固定了屋盖的单位荷重，从梁到整个屋架的设计都极为方便。椽长是全部结构标准化、定型化设计的基本数据，牵涉很广，在《营造法式》全部模数制中不能改变。这大概是从六世纪到十四世纪漫长时间中最

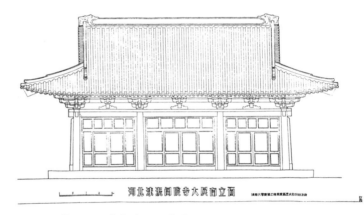

插图四五之① 阁院寺文殊殿正立面

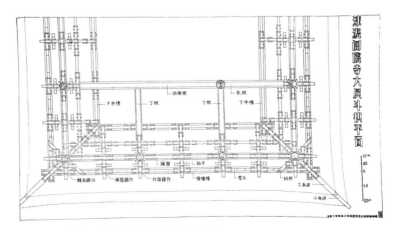

插图四五之② 阁院寺文殊殿铺作层平面

223

能保持稳定的原因。

四、柱高

前期除辽宁义县奉国寺超过 13 份，似可视为施工误差外，其余全部实例都遵循着《营造法式》柱高不超过间广的原则。三个有副阶的殿中，山西太原晋祠圣母殿、应县释迦塔等的殿身、塔身柱高为副阶柱高的 2 倍，隆兴寺摩尼殿殿身柱高为副阶柱高的 2.3 倍。

本期柱高，除福建泰宁甘露庵为特例将另述外，基本上自 256 份至 475 份（前期为 218 份至 362 份，其中超过 300 份的仅五例），其中超过 300 份的十四例，正与间广一样有增大的趋势。但自元代开始出现了柱高超过间广的三个实例：山西永济永乐宫三清殿下檐平柱高 378 份，超过间广 68 份；龙虎殿柱高 359 份，超过间广 27 份 [图版 83～85]；河北定兴慈云阁柱高 324 份，超过间广 8 份 [图版 102～104]。当然，这是少数的例子，不能概括全部，而总的趋势增高，仍然是与增大间广一致，是降低用材等第而保持实用的较大尺度的结果。同样的原因也导致了少数建筑（如延福寺、真如寺等）梁栿份数增大。

第三节 斗栱

在前章已经阐述了发展到斗栱组成的整体铺作层，到前一时期末期开始由于加大乳栿而斗栱构造简化。斗栱在本时期已经失去了它的整体铺作层的性质，那种用于殿堂结构的纵架横架交织的铺作层已经消失不用，而用于厅堂结构的沿房四周扶壁栱形成的圈梁仍继续保持。因此，斗栱的构造形式大为简化。少数实例如朔县崇福寺弥陀殿、平遥文庙大成殿 [图版 86、87]，初看似乎是前一时期的做法，实际上只是徒有形式，完全不是组合成一个铺作整体了。斗栱退回到只是柱、梁的结合点和过渡。斗栱构造的变化到本期更为显著，大致主要有下列各点。

一、柱头与补间

我们已经指出在铺作结构层中，纵架与横架的结合，外观上形成一朵一朵的形式，横架经过内外柱头上即是柱头铺作，在两个柱头之间的辅助横架即是补间铺作。当横架简化成加大了的乳栿时，柱头斗栱只承栿。它只和一条栿交叉结合，构造当然简化了。另一方面，材等减小，实际的间广增大，使橑檐椽、檐槫、下平槫之下须增加支承点，于是有必要增加补间斗栱，而且补间斗栱应有足够的增强。所以，前一时期不用补间或补间较柱头减跳减铺的做法都不能满足功能要求，而逐渐变为补间斗栱的跳、铺都与柱头斗栱相同。并且，原来主要用在柱头的昂，也随着在柱头上的原有功能逐渐丧失（因为乳栿加大，昂身减小，不能发挥原有功能），转而用于补间。在乳栿截面大、斗栱方截面小的情况下，加强保持斗栱与梁栿结合的强度，使用重栱全计心造是最简便的方式。于是，单栱计心逐步消失。同时尽可能使里外相同，从而废弃里跳减跳减铺的方法。于是，在前一期末《营造法式》制度规定的跳数与铺作的固定关系上，更进一步固定了斗栱构造的形式。

二、斗栱攒数增加

前已表明这是降低材等的结果。由于降低材等，斗栱仍按材等折合实际尺寸，即净广96份，而间广却不受材等450份的最大限度制约，由实际需要确定。如真如寺正殿心间广6.14米，合682份。如用两朵补间铺作，连柱头共三朵，每朵中距227.3份，较铺作中距上限150份超过太多；现改用四朵补间，则连柱头每朵中距136.4份，已在标准数125份以上，但未超过最高限150份。同时，这种情况下增加朵数的做法也是有来历的。我们看《营造法式》卷十一《小木作制度六·转轮经藏》：在腰檐上用平坐，腰檐八棱，"枓槽径一丈五尺八寸四分（枓槽及出檐在外），内外并六铺作重栱，用一寸材（厚六分六厘），每瓣补间铺作五朵……"[①]据斗槽径丈尺，以径六十、每面广二十五折算，得每面六尺六寸，铺作间距一尺一寸，合166份。因此，可以设想，当

① 李诫：《营造法式（陈明达点注本）》第二册卷十一《小木作制度六·转轮经藏》，第2页。

材等减低而产生超出原定制度的情况时，可能曾从小木作特殊做法中汲取经验，作为修正大木制度的手段，亦未可知。

三、加强补间铺作

此在上一时期即已出现。其方式是使铺作里转连出五跳或四跳偷心，直至下平槫下，如天津蓟县独乐寺山门等；或铺作外转不出昂，里转用挑斡于下平槫下，如苏州虎丘二山门等；或补间亦用下昂，昂尾叉于挑斡下平槫，如宁波保国寺大殿。但都没有增加铺作朵数。

我在第四章第二节"铺作"中曾说过加强斗栱转角部的两种措施——增加抹角栱或附角栌斗缝。这种措施在本时期初尚多沿用，随即逐渐减少，公元十二世纪中期以后，仅有定兴慈云阁上檐一例用附角栌斗。但结合其后看，使用抹角栱的措施已逐渐减少，而使用附角斗的方法，则一直遗留至下一时期。在前期使用较少的加强补间斗栱的方法——增加或使用60°或45°斜栱，却较前一时期为多。本来这是间广较大、补间铺作间距较大时，增加槫下支点的有效方法，但在本时期有时淡化成装饰性或炫耀技巧的赘余，以至在后一时期中竟完全成为装饰性的"如意斗栱"。

第四节　结构形式的沿袭及发展

在前一时期的三种结构形式中（见前章），第三种奉国寺形式只在本时期初尚有大同上华严寺大殿一例［图版88］。其结构形式完全与前一时期的相同，以后也再未见这种结构形式的使用。用得最多的仍是海会殿形式及佛光寺形式，亦即《营造法式》中的厅堂与殿堂。兹分叙如下。

一、厅堂

表6中共有三类。第一类是标准的厅堂结构形式。如大同善化寺三圣殿八椽五间，心间六椽栿对乳栿用三柱，次间五椽栿对三椽栿用三柱。泰宁甘露庵蜃阁四椽三间厦

两头屋盖，厅堂分心用三柱形式，但其中柱长上至脊槫之下，是为南方习用穿逗构架地区常见的形式，左、右、前三面有副阶。

第二类是厅堂结构形式的楼阁，有正定隆兴寺转轮藏殿及慈氏阁二例［插图四六，图版89～91］。此两例都是六椽三间重楼，前副阶，上檐用乳栿对四椽栿用三柱。转轮藏殿下屋、平坐、上屋的外檐均分段构造，上面的柱叉立于下面的铺作上，但下屋及平坐内柱通连用一长柱，上屋柱立于平坐草栿上。慈氏阁外檐平坐用永定柱，坐外另立柱建缠腰，上屋柱仍叉立于平坐铺作上，室内柱自下至上三层通用一长柱。

第三类是试图改革的厅堂结构形式，有武义延福寺大殿和上海真如寺大殿二例。其中，武义延福寺大殿八椽三间，副阶周匝，前三椽栿后乳栿用四柱，完全是标准厅堂结构形式，只是三椽栿上不用两椽栿劄牵，而改用两条劄牵［图版92、93］。牵首和牵尾标高相差约两足材，于是将牵身做成弯曲如钩的月梁。所以，它对结构并无改革

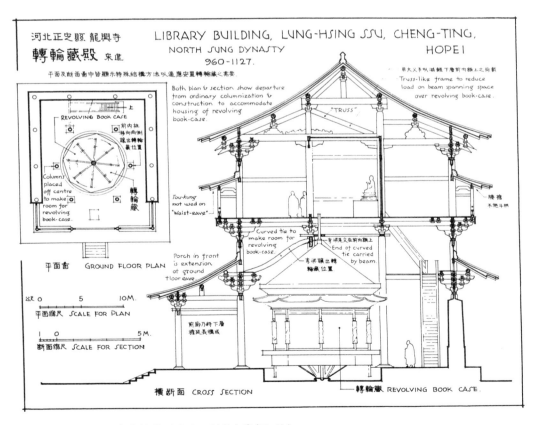

插图四六　正定隆兴寺转轮藏殿平面、剖面（莫宗江绘）

推进，只能说是力求改革又不得其门而入，失落于找出路的苦闷之中，也只好耍耍花枪[1]。不过柱头上乳栿或三椽栿由铺作下两跳承托，外转第二昂昂身从栿背上直达下平槫缝下，仍保持昂的功能，是晚期少见之例。

上海真如寺大殿十椽三间，露明造部分是前四椽栿后乳栿用四柱，也是标准厅堂结构形式。不过它在前檐中平槫下蜀柱内额及内柱阑额上加用斗栱组成平棊，并转过两山，又如殿堂分槽斗底槽形式。当然，这对于改进结构并无意义，但似乎也对于殿堂结构形式尚留恋不舍而又苦于其构造太繁。

二、殿堂分槽形式

表6中共有八例。其中，分心槽为大同善化寺山门及永济永乐宫龙虎殿，单槽为山西洪洞水神庙明应王殿［图版94、95］，其分槽形式、斗栱布置大体仍遵循《营造法式》形式的原则。其余苏州玄妙观三清殿显然属金箱斗底槽形式［图版96、97］，其柱网布置及斗栱构造均有改变；永乐宫三清殿、纯阳殿、重阳殿及河北曲阳北岳庙德宁殿等四建筑有共同的特点，有更为突出的改变，并不同于玄妙观三清殿。兹分叙如下。

江苏苏州玄妙观三清殿是南宋中期淳熙六年（公元1179年）所建。殿身十二椽七间，副阶周匝，厦两头造。它的内槽全部用上昂，是弥足珍贵的孤例。从斗栱分槽布局看，基本上合于金箱斗底槽形式，只是外槽成"回"形，而内槽又分成五个槽，在形式上稍有变化。从结构看，全部七间除檐柱一周外，中间六个屋架都是跨度17.80米，每两柱间分为三椽共十二椽的大穿逗屋架，当中三柱落地。柱头斗栱都是穿过柱身的插栱，全部斗栱分槽实际上只是为了取得分槽的形式和承托平棊。它表现出当地一般房屋建筑习用穿逗屋架的传统，也提示出穿逗屋架可以建筑大规模房屋，而不必用复杂的殿堂结构形式。就此一殿而论，可称殿堂分槽形式是形存而实亡。

---

[1] 在原稿中，此页另有作者眉批云："苦闷，找出路的苦闷！"以此眉批参阅此处颇具感情色彩的正文，似可知陈先生在撰写此章节之际，心绪已神驰数百年之前，与古代匠师们交流创作心得，体味其苦心经营之艰难，遂有此叹喟。1998年，整理者曾携此遗稿请王其亨教授审阅，王先生亦有同感：作建筑史研究而能如此设身处地体会建筑设计者之苦衷，似乎正是陈先生的过人之处，特叮嘱整理者设法将陈先生的此种心境在适当的地方加以申明。

河北曲阳北岳庙德宁殿，山西永济永乐宫三清殿、纯阳殿的平面斗栱布置都可以划分出明显的一周外槽围绕着内槽，从断面图也可看出结构分为柱网、斗栱、屋架三个水平层次，并且柱中线均不与檩中线对正，具备了殿堂分槽的特征，可以说它们是金箱斗底槽的变体。只有永乐宫重阳殿，从断面图上看虽与前数例相同，但在平面上没有明确的分槽，仍应承认是分槽的变体。

兹以永乐宫三清殿为例，说明如下（原注二）：永乐宫三清殿八椽七间，分槽布局为前方及左右外槽深各四椽（两间）；后方外槽深一椽半；两山外槽各占两间；内槽广三间，深两椽半。按照《营造法式》的标准图，外槽四面深各等于内槽深的二分之一，是一个四进均等的平面。现在外槽深超过内槽近一倍，致使形式大变，应是适应使用要求的措施，并且更显示出分槽结构形式在应用上有充分的灵活性、适应性。所以，

它应是分槽形式的发展。其他两个殿也是这样：北岳庙德宁殿十椽七间，外槽后面深约两椽半，前面深约四椽半，两山各占一间，内槽广五间，深约三椽。永乐宫重阳殿八椽五间，外槽后深一椽半，前深三椽半，两山各占两间，内槽广一间，深约三椽。

总之，分槽结构形式的原则、特征均未改变，仅仅是柱网组合变动，产生了全新的感觉。

三、柱梁作

福建泰宁甘露庵内的库房［插图四七］是唯一的古代"梁柱作"房屋，建于南宋宝庆三年（公元1227年）以前。此屋广3.2米，深2.4米，两椽一间，穿逗结构，柱脚用地栿，柱头受檩。前后檐穿方挑出柱外为华栱头，其上又承短挑方一，上承橑檐榑。穿逗

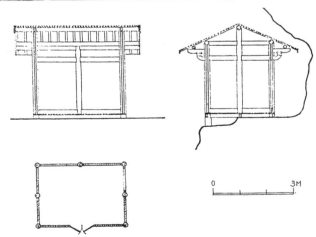

插图四七　泰宁甘露庵内库房旧影及平面、侧立面、断面图

229

构架、挑梁都是很古的技术，笔者在第一章第三节"民间木结构技术概况"中已经提到。在全部战国至清末的历史中，它始终是民间普遍使用的建筑技术。这种构造形式的原则，从创始以来基本没有改变，只是在制造上愈晚愈精工。它在结构形式上也可以不用穿逗而用抬梁，即省去中柱，改用两椽栿上立蜀柱，那就更切合《营造法式》"柱梁作"的名称了。而柱头上如不用挑梁，改为栌斗上用替木承槫，也许就是"单枓只替"。[①]

第五节　小殿阁的结构形式

在附表6中有四个小型殿阁，都是用六等材四椽三间（或一间），厦两头屋盖，其中三个用周匝副阶，一个用周匝缠腰。它们的结构既不是殿堂又不是厅堂，而是一种我们较不熟悉的形式，暂称为"小殿阁形式"。这就是泰宁甘露庵上殿、观音阁、南安阁［图版98～101］和定兴慈云阁［图版102～104］（原注三）。除甘露庵各殿用材的广厚比近于2：1，为特例，需另作专题研究外，其斗栱富于地方手法的插栱有强烈的福建地方风格。它们的结构有一个重要的共同点：都不用主梁，只有一条由斗栱里转出挑平托的平梁，予人以梁上不用斗栱的印象。

甘露庵三殿都是四椽一间，厦两头屋盖。因此，只有转角和补间斗栱，没有柱头斗栱，转角铺作里转出三或四跳华栱，承于前后下平槫与平梁的交点之下，各面补间里转出二或三跳于下平槫或平梁中部。除上殿正面用两攒补间斗栱外，其余各殿正侧两面都用一攒补间斗栱。因此，全部屋盖都是由铺作里转出跳承托着，室内既无立柱也无大梁。从受力情况估计，它可能是横梁的性质。

慈云阁建于本时期末，较甘露庵晚一百四十余年，其屋架结构基本与此相同，仅在转角处加用抹角和垂柱，看起来不及甘露庵各殿轻巧。

然而这种结构形式也并非本时期的创新。以铺作里转出数跳至下平槫的做法，最

[①] 李诫：《营造法式（陈明达点注本）》第二册卷十九《大木作功限三》，第208、211页。

早见于辽初的蓟县独乐寺山门[1]，而辽末的易县开元寺观音殿已完全是此种结构形式〔图版 105、106〕。仅因为它现在用于小殿，又是彻上明造，故使人感官一新，实际上仍是旧形式的延续。

在此，附带叙述甘露庵的斗栱做法（原注四）〔插图四八〕。以各殿殿身斗栱为例，上殿转角、柱间安阑额，兼为副阶承椽方，柱头安开口，受两面泥道栱、列华栱及角华栱，于此三栱上坐圆栌斗，承以上各跳。栌斗上外转出华栱两跳，里转连下跳共三跳，转角华栱四跳。外转均为单栱计心，里转全偷心。补间于阑额上立蜀柱，长约三足材，

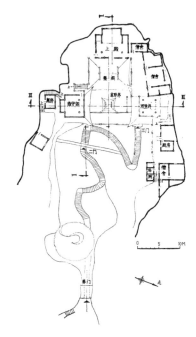

插图四八之① 泰宁甘露庵总平面图

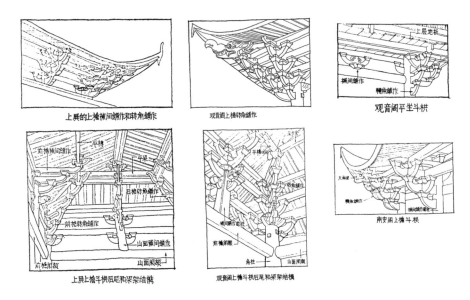

插图四八之② 甘露庵的斗栱做法

---

[1] 参阅本书第五卷。

于柱身穿过两栱一方，外转出华栱三跳，一跳穿过柱头，下两跳穿入柱身，再于柱头安圆栌斗，于里转出两跳连下一跳共三跳。简言之，它的特点主要是有意加长角柱，使下面部分出跳栱身穿过柱身，然后再用栌斗承上面各跳。补间斗栱则于阑额上立蜀柱，使下部出跳穿过柱身，再以栌斗承上面多跳，此意更明。其他如观音阁、南安阁亦均如此。而副阶斗栱更全部穿过柱身，根本不用栌斗，足证此种做法深受穿逗结构影响。在南方如前一时期的华林寺、保国寺，均有此种表现。在福建地区，现存许多砖石仿木结构的建筑，亦多与华林寺、甘露庵相类似。所以，此种结构应有其地方性。而前述苏州玄妙观三清殿，可说基本是一座穿逗结构的大殿，斗栱只在外檐有结构作用，在内檐只是装饰。极力求构造之简化而意图取法于穿逗，似也是本时期有意追求的目标。

第六节　纵架及斜梁

斜梁、纵架都是古老的构造方式。在前一时期中没有遗留下实例，或者已很少或者不再使用，而到本时期却又有了不少实例，这应是一个复古的表现。

《营造法式》四个殿堂图样中有两个副阶用斜梁（《营造法式》小木作称"叉子栿"），但未见实例。而本时期中的山西平遥文庙大成殿，建于公元1163年，却使用前时期的斗栱结构双抄双下昂隔跳偷心重栱。它不用补间铺作，而于补间位置使用一条长两椽的巨大的斜梁，其梁头挑于橑檐槫替木下，梁尾直抵内槽中平槫下。而时代晚至元代末期及明代中期的赵城广胜寺诸殿仍大量使用斜梁，均证斜梁之使用迄未中断，仅一般使用较少。

五台山佛光寺文殊殿建于公元1137年，八椽七间，不厦两头造［插图四九，图版107～111］。厅堂结构形式，两山屋架用"分心乳栿用五柱"形式，当中六缝屋架均为"前后乳栿、中四椽栿"形式，但未用四柱而是前后檐柱各八条，上用五铺作斗栱各一列，组成纵架。乳栿首均在柱头上。前后各用内柱两条，组成纵架五副，以承乳栿尾。计前檐当中三间相连，用一副纵架，上承两乳栿尾，纵架两端各承一乳栿尾。左右各

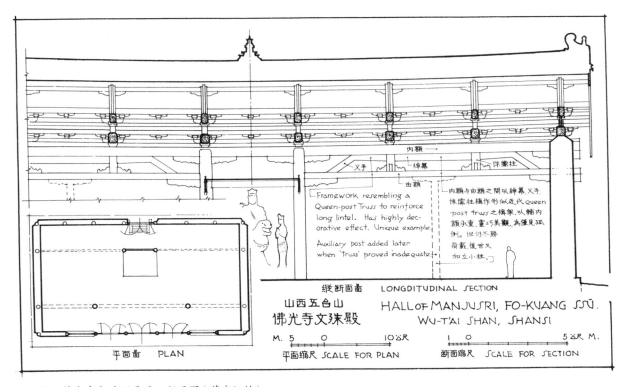

插图四九　佛光寺文殊殿平面、断面图（莫宗江绘）

两间相连，各用一副纵架，上各承一乳栿尾。后檐心间左右柱头各承一乳栿尾，左右各三间各用一副纵架，架上各承两乳栿尾。其中前檐心间纵架跨长 1412 / 900，左右跨长 872 / 555，后檐左右跨长 1339 / 853，使室内全部仅用四柱。这前后纵架组合形式不同：前檐是在柱头普拍方内额下，加用一条大檐额，乳栿尾安于檐额上，并用蜀柱或驼峰上承内额；后檐则用较大的内额，其下檐额略小于前檐，更于内额下加顺身串，串两端用托脚支撑于檐额上，乳栿尾安于檐额背上，一如前檐。此一组合形式略似近代桁架，托脚与顺身串用齿形榫接合。其构造形式、榫卯均佳于前檐，但前檐迄今并未产生变异，而后檐不知何时已经弯挠，以致需于中部加柱支顶。此状或许因后檐檐额断面不足之故。

朔县崇福寺弥陀殿建于公元 1143 年，八椽七间，厦两头造［图版82］。中四缝屋架"前后乳栿、中四椽栿"，但前檐中五间只用四条内柱分为三间，用纵架承四缝乳栿尾。计中间纵架跨长 1245 / 745，上承心间两乳栿尾；两侧纵架跨长各 870 / 521，上承次间乳栿尾。由上下两根梁中间挟以竖杆斜撑组成，斜撑和梁的交接采用齿形结合。它是平行弦桁架的雏形。这三个纵架的形式，与前述佛光寺文殊殿后檐两副纵架相同。

纵架，是最古老的结构形式，我们在第二、三章已经指出这种结构的应用，并推测它的形式，但直到这一时期才看到纵架的实例。毫无疑问，这些纵架的结构任务是以一种特制的大跨度大梁承受横架。如佛光寺文殊殿前檐纵架的形式，应当说是比较早期的形式。而用若干较小的料复合制成近似桁架的形式，如佛光寺文殊殿后檐和崇福寺弥陀殿所用，是发展提高了的纵架形式。既然这两种形式同时存在并用于一个建筑中，似乎可证明那提高了的形式至少已经应用了一段时间，而较早的旧形式却也并未被完全抛弃。那么，它的创造革新也许最迟在前一时期的中间。从它已采用齿形结合来看，其有关结构力学的水平是不低的。

第七节　旧制度的延续　新制度的酝酿

通过以上各节实例分析，得到总的印象是自从上一时期末《营造法式》刊行以来，它完善的科学的模数制（材份制）就通行全国，在建筑行业中成为被严格奉行的制度范例，即使建筑形式最特殊而富于地方风格的福建地区也不例外。如实测华林寺、甘露庵诸例，只是使用材等方面出现逐渐减小的现象。因为材等减小，相对的按材份计的间广增大，加以实用的间广也逐渐增大，在本时期中最大间广已达 7.68 米（详见本章第二节及附表）。实用间广的增大，又必然需要加大某些结构构件的截面，如檩条、阑额、主梁等等。在这些互相影响的原因下，原材份制的份数所规定的各种标准数据必然需要调整或改订，然而事实是直到本时期最后的两三个实例，才确实出现超过旧制度规定的标准的数据。模数制及其标准规定自刊印以来，通行了二百余年，一方面表现出这个制度的合理性，故深受匠师的尊重；另一方面也表现出已不切实际的现象。原模数制及其标准数据受到冲击，现在是需要改革的时候了。

那么究竟是什么原因使得必须降低材等呢？我们试按原例的实际尺度提高材等，看看能得出什么结果。以本时期末的曲阳北岳庙德宁殿［插图五〇，图版112、113］和

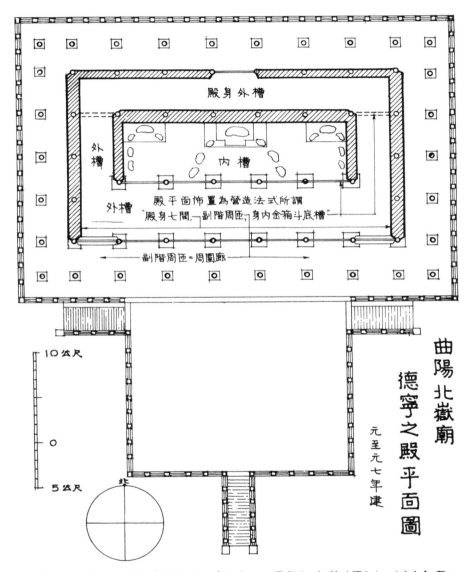

殿身外槽

内槽

外槽

外槽

殿平面佈置為營造法式所謂
"殿身七間，副階周匝，身内金箱斗底槽"

副階周匝＝周圍廊

10公尺

0

5公尺

北

曲陽 北嶽廟
德寧之殿平面圖

元至元七年建

PLAN of MAIN HALL · PEI-YUEH MIAO
CH'Ü-YANG · HOPEI · 1270

插图五〇　曲阳北岳庙德宁殿平面图

上海真如寺为例。德宁殿心间广 5.76 米，原用五等材，合 410 份；如提高两等，即改用三等材，间广仅 360 份。真如寺正殿心间广 6.14 米，原用八等材，合 682 份；今亦改用三等材，合 384 份。即全部尺度及各种构件提高材等后份数减小而并不影响原定规格及比例，其中唯一的变化仅在斗栱尺度。因为我们是根据《营造法式》规定的栱的截面等于一材求出实例材等、份值，然后据此以求得各种份数的。现可以按实例尺寸以任何材等求出份数而不影响其他比例，却不能用任何材等去求栱的份数，因为栱的材等只能以栱的实际尺寸和各材等的实际尺寸决定，每攒斗栱长 96 份也是固定的，所以如德宁殿或真如寺正殿改用三等材，每攒斗栱实际长 1.536 米，中距 2 米，真如寺正殿尚勉强容下两攒补间，德宁殿心间就不能容下两攒补间了。这就是说，降低材等的结果是使一切尺度脱离了原材份制的标准份数，但保留了一切形式上的比例关系，唯独斗栱不能离开原定标准份数，就只能使斗栱的实际尺度减小，由此引起的结构问题，就用增加斗栱攒数来弥补。

由此可见，降低材等实际只是减小了斗栱的尺度，节约了斗栱的用料，使斗栱用料的规格变小。那么，它是不是反映了木料到本时期已经供应困难，不得不采取节约的手段？而在房屋建筑中，梁、柱、檩等结构构件是不能减小的，只有斗栱可以考虑减小，因此产生了减小材等的措施？所以，木材供应困难导致降低材等。

降低材等是从前一时期中开始的。太原晋祠圣母殿、正定隆兴寺摩尼殿两个北宋初期的大建筑，都是八椽五间副阶周匝，本可以用三等材的都用了五等材。而本时期的元代中期更显著，并且随着铺作减小，相对地似乎是梁栿断面增大，而改变了斗栱及殿堂结构形式的构造。如本章第二节所论，尤其是永乐宫整个殿堂，斗栱结构已不是成层的整体构造，代替斗栱层的是几条纵横相交的大梁。它不仅因用材等小（五等及六等材）节省了大量斗栱用料，同时还促进了全部构架的简化。

这一时期所存的建筑，其结构形式多样。它们改进构造，力求简明，更便于施工。除一般的殿堂、厅堂形式外，还有柱梁作、栱架结构、使用大斜梁和复合纵架及其他混合形式。然而都是在早期已有的结构原则上的提高改进，在某种程度上可以称之为"复古"，不过不是简单的复古，而是有所提高改进的复古。这应当是对既定的标准结构形式的反抗，是力求改进提高的另一种表现。所以出现了将所有传统的结构形式都拿出来试一试的现象，看看能否从中引出革新和创造。

无论用大斜梁或纵架以及不用铺作结构层的形式，其意图似是既省料又省工，从简化构造、便于施工着想。取消铺作结构层，代之以大梁，不用补间斗栱，代之以一条大斜梁，都是简便的办法。例如佛光寺文殊殿，如果全部屋架都采取前后乳栿用四柱形式，需要用内柱十二条，现用纵架节省了八条内柱；崇福寺弥陀殿，前檐采用纵架节省了四条内柱，并且施工较为简便。但此种改变的收效并不大，即使在节省简便方面，收效也很有限。所以，这种形式实际应用并不多，在下一时期中很少再用。

总之，这一时期技术的发展，是在感到木材缺乏、施工繁杂费时与遵守旧的模数制度原则的矛盾中进行的。它经过各种试探而坚持保有旧模数制，取得一些局部的小改革，但并未根本解决问题。

作者原注

一、刘敦桢主编《中国古代建筑史》第 229 页："当然，这是一种很原始的模数的运用。在前章所述初唐和盛唐的壁画、雕刻以及佛光寺和南禅寺两座唐代木结构殿堂中，无疑已经运用了这种模数，只是在《营造法式》中才用文字确定下来，而这种方法一直运用到清代。"

二、参阅杜仙洲：《永乐宫的建筑》，《文物》1963 年第 8 期。

三、参阅刘敦桢：《河北省西部古建筑调查纪略》，《中国营造学社汇刊》五卷四期。

四、参阅张步骞：《甘露庵》，《建筑历史研究（第二辑）》，1982 年。

第六章　明—清

第一节　《鲁班营造正式》及《园冶》

　　明、清时期，著述较被重视，或受《营造法式》之影响，其著述之于技术传授更为有益者，今存有三：《鲁班营造正式》（原注一）、《园冶》（原注二）和《营造法原》（原注三）。

一、《鲁班营造正式》[插图五一]

　　俗称《鲁班经》。此书最早版本为天一阁藏明中叶残本，其著述或在明初，后增编刊行于万历年间，改名《工师雕斫正式鲁班木经匠家镜》，简称《鲁班经匠家镜》，以明崇祯年间刻本保存最为完整。[①]据此本所刊著者中有"北京提督工部御匠司司正"字样，可知其成于明永乐年间（公元 1403—1424 年）。此书之卷一、二详记民间通行的各种屋架式样，卷二后附有家具做法五十二条，并均有图样。

　　据前述现存三种版本看，《鲁班营造正式》所载之五架后施两架、正七架、王府宫殿、司天台等有关大木诸图，只是形式概略；而所谓正厅、正堂、寺观、庵堂、庙宇、祠堂等，所叙内容均为装修，并无详述做法的文字；而很大篇幅为牛栏、马厩、羊栈、猪圈、鸡栖及四十余种家具，其图样及做法文字较详，似专为民间木工所作手册。其对于一般大木五架、七架等反为匠师所熟悉，毋庸赘述。其对于营造房屋诸迷信事项，

[①] 另有清代上海校经山房据明崇祯年间刻本重印刊行本。本部分文稿在整理过程中，得到中央美术学院王泷教授（1940—2011 年）提供的首都图书馆藏本《绘图鲁班经》的复印件，在此感谢王泷先生的帮助。

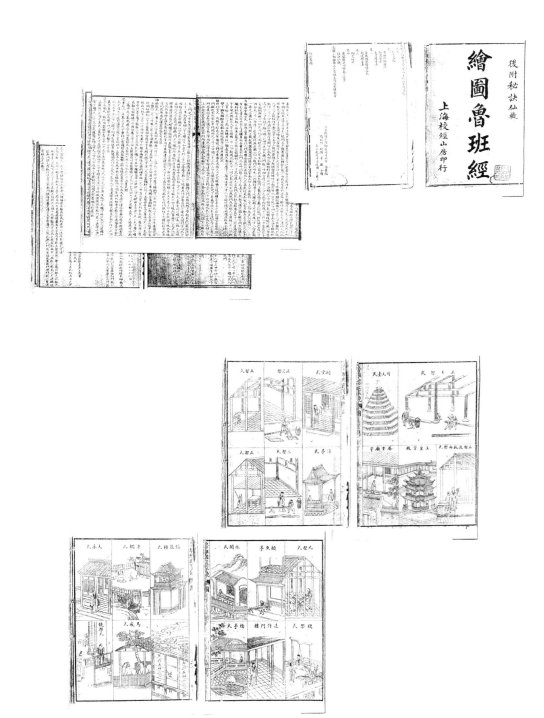

插图五一　首都图书馆藏《绘图鲁班经》书影（复印件，王㳅提供）

尤可注意：

"王府宫殿：凡做此殿，皇帝殿九丈五尺高，王府七丈高，飞檐裁角，不必再白重施。五架前施三架，上截升栱，天花板及地，量至天花板有五丈零三尺高，殿上柱头七七四十九根，余外不必再记……"

"装修正厅，左右二边四大孔水椹板……正堂装修与正厅一同，上门框尺寸无二，但腰枋带下，水椹比厅上尺寸要矮一寸八分……"

"凉亭水阁式：装修四周栏杆靠背下一尺五寸五分高。坐板一尺三寸大，二寸厚……"

"论逐月修作仓库吉日。"[1]

"造仓禁忌并择方所。"

"逐月安床设帐吉日。"[2]

二、《园冶》[插图五二]

此书于明崇祯七年（公元 1634 年）由吴江县计成编著，是一部专论筑园技术的名著，共三卷。卷一论园，分相地、立基、屋宇、装折等四篇；卷二专论栏杆图案；卷三分门窗、墙垣、铺地、掇山、选石、借景等六篇。其中"屋宇"篇详论各类房屋款式、屋架结构形式图样及地图（即房屋平面图），并附图式，对于了解明末江浙地区民间房屋构造，极富参考价值。

《园冶》全书前有"兴造论""园说"两篇，综述关于造园的主要原则，下面自"相地"至"借景"，分别论述子目。其中，相地，是选择园址的原则；立基，是园内布置建筑物（包

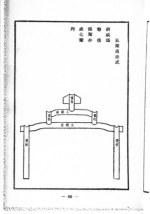

插图五二　《园冶》书影

---

[1] 原稿此处有作者批注："此仓库为粮仓。"
[2] 见《绘图鲁班经》首都图书馆藏本。

括假山）大小、层数、环境等的设计原则；屋宇，是房屋建筑的具体设计细则，包括平面及屋架图样。

我们从屋架图样中能看出，当时民间所习用的屋架构造形式是自五架至九架等八种屋架。其中五架过梁式是抬梁式，小五架梁式、七架酱架式、七架列式等于《营造法式》"四架椽屋劄牵三椽栿用三柱"[1]中可见相似的记载。七架酱架式实为"六架椽屋前后乳栿用四柱"，何以名"酱架"，尚不能解。七架列式实为"六架椽屋前后劄牵分心用五柱"，皆《营造法式》所未列。九架梁用五或六柱三式。八架即七梁架，加步后一架，前后檐不同高。此四式均用复水椽、草架。其中除五架驼梁式为抬梁外，其余多来自穿逗屋架或抬梁、穿逗合用。

使用复水椽、草架，盛行于苏州地区，最早之例为前章所记的上海真如寺大殿。而此书"屋宇"篇首先交代："凡家宅住房，五间三间循次第而造。惟园林书屋，一室半室，按时景为精……虽厅堂俱一般，近台榭有别致。前添敞卷，后进余轩；必用重椽，须支草架……"[2]说到厅堂虽然有一定规制，但也应因时因地增加敞卷、余轩，实即活跃屋内空间的办法，将宽阔的室内空间划分为多姿的小空间。增添敞卷必须用草架。

下文"草架"条说："草架乃厅堂之必用者，凡屋添卷用天沟，且费事不耐久，故以草架表里整齐，向前为厅，向后为楼，斯草架之妙用也。不可不知。"[3]

"重椽"条："重椽，草架上椽也，及屋中假屋也……"[4]如原图四种，自屋内看：一是前两椽为卷棚，中四椽为厅，后廊一椽；二是前后廊各一椽，厅四椽，厅前两椽；三是前廊两椽，厅前两椽，厅四椽；四是前卷三椽，后卷五椽。但它们的外观都是在一个整体屋盖之下，这就是草架的作用。后来《营造法原》中更详尽地记叙了各种形式的草架。

草架只是在本来应是整个相并连的房屋构架之间另加部分构件，使相并连的屋盖

---

[1] 李诫:《营造法式（陈明达点注本）》第四册卷三十一《大木作制度图样下》，第 24 页。
[2] 计成:《园冶》，城市建设出版社，1957，第 79 页。
[3] 同上书，第 86 页。
[4] 同上书，第 87 页。

成为一个整屋盖，以避免几个并连屋盖之内筑天沟，所以它并不是一种新的结构技术，只是在特定要求下的技术处理而已。大概这种做法仅盛行于江南多雨地区，屋瓦又多直接安放桷子上，不用泥背，不宜筑天沟。如在北方，迄无使用草架的做法，均于并连屋盖两坡间筑天沟，名此做法为"钩连搭"。

《园冶》中已无模数制痕迹，厅堂基本上是沿袭而增加了草架。因为是民间运用，故未涉及殿堂、铺作。

此书对了解某些名词颇具参考价值。"五架过梁"式屋架图，檐柱名"现柱"，但与平面图不同，其意义待考。五架梁名大驼梁，三架梁名小驼梁，梁上短柱一律名"童柱"。其余各屋架图及平面图中，前后檐柱名前后"步柱"，山面中柱名"脊柱"，屋内柱名"襟柱"，可知清代"童柱""金柱"名称之由来。

《鲁班营造正式》与《园冶》自明代开始流传，其内容在宋代《营造法式》及清初《工部工程做法》等官书之间，可补充某些嬗递之迹。之后的《营造法原》虽成书甚晚，但内容实为明清以来匠师所习用，且富于地方性，为官书所缺漏。此三书均为概述这一时期大木技术之要籍。

第二节 《营造法原》[插图五三]

《营造法原》是姚承祖先生的遗著，经张至刚先生整理、注释、制图。[①] 姚承祖先生家累世相传营造业，苏州数十年中的营建多经其手，晚年任鲁班会会长，为当地匠师所尊崇。民国初年，他前往苏州工业专门学校建筑工程科任教，据历年经验及家藏秘籍图册编成讲义，脱稿于1929年。之后，又经张至刚先生充实增编，最后定稿为十六章。其中除第一章"地面总论"和第八章以后为装修、石法、砖瓦作及园林外，第二章至第七章均为大木作，记述明清两代大木作制度及实例甚详，反映了这一时期南方建筑技术的概貌。

---

① 姚承祖原著、张至刚增编、刘敦桢校阅：《营造法原》，建筑工程出版社，1959。

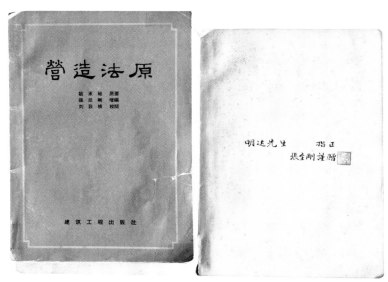

插图五三之① 《营造法原》封面及扉页题记

插图五三之② 《营造法原》图版一

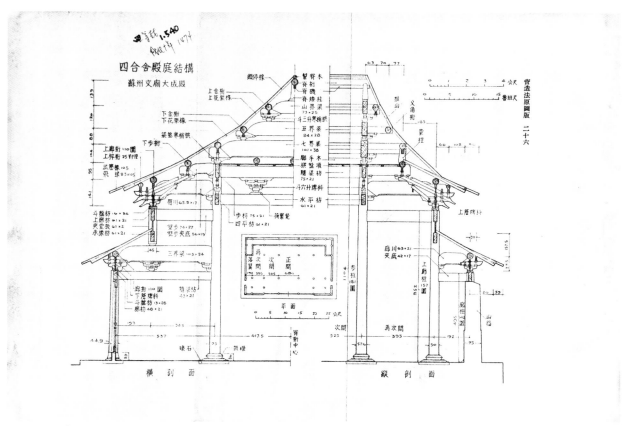

插图五三之③ 《营造法原》图版二十六

《营造法原》虽在匠师历代相传的基础上成书，但其定稿已进入公元二十世纪，其时受潮流影响，不免有所变异。然而，于内亦可见古代木结构在民间传授的最终情况，是为木结构建筑的尾声。

《营造法原》将房屋分为平房、厅堂、殿庭三类，并且也是厅堂有楼者即名楼厅，颇近于《营造法式》的殿堂、厅堂、余屋的分类法。三类房屋的平面布置定于"贴式"，即屋架形式，多近于《营造法式》的"厅堂用梁柱"，仅为规模大小不同。平房最小，厅堂一般七架（架即椽）左右，殿庭可至十二架，一般三间、五间，殿庭可至九间。而牌科（斗栱）可用于厅堂及殿庭。一般间广正间（心间）约一丈四尺（3.85 米），殿庭至一丈八尺（4.95 米），次间为正间的 80%。界深（椽平长）三尺半至五尺半，一般多为四尺（1.1 米）；最大十二界，即四丈八尺（13.2 米）。

其立贴（屋架）形式，多在室内居中布置一个最大空间，深四界，习称为"内四界"，或为古代内槽之遗意。间或大至五界。"内四界"之前后用轩（多为两椽）或于轩外加廊（多为一椽）均可，故厅堂屋架总深不少于六界，又可大至八界。其用柱数视轩廊数决定，但一般正间贴名正贴，不用脊柱（中柱），梢间最外一架名边贴，必用脊柱。屋内空间既划分内四界、轩庭等，又由草架统一在一个屋盖之下，其做法、结构形式也仍然是抬梁与穿逗的结合。正贴多抬梁，边贴多穿逗，正与《园冶》所录相同，应为自明代以来流行于苏杭的形式。

厅堂有扁作厅、圆堂，均以用料区别。扁作厅用料均取矩形截面，故名扁作。其高厚比自 3：2 至 5：1，以 2：1 居多，此亦为江南地区用料习惯。圆堂多用圆料，其尺寸以围径（即圆周）计。但轩不论扁作厅、圆堂均用扁作，其用料尺寸大体是大梁距内界深的十分之二，其他梁川、童柱据大梁份数定（如山界梁为大梁之十分之八），步柱（老檐柱）按大梁十分之九或开间十分之二，其他各柱依步柱份数定，桁径约为正间广十分之一点五等等，均逐项各有规定。

柱高为正间广十分之八或次间广（如殿庭），亦可长至与间相等。楼房下层檐高即为楼面高尺寸，上层高按下层檐高十分之七。提栈即举高按界深的十分数计，如十分之五即称为"五算"，亦即清代之"五举"。最低为三算半即三点五举，最高九举，例外的可至十举。每屋总举高，以界数多少自六界至八界。最下第一界于三算半起，起举称一个，以后至脊每增一举增一个。故六界二个，为三算半、四算、四算半。最高可提至五算半、六算半、七算半或八算半。这种计算方法的结果与清式举架相同，但具体算法则较繁。

檐出尺寸仅规定檐椽斜长一尺六寸至二尺四寸（44～66厘米），按每二寸（5.5厘米）进级，大致为界深的二分之一。飞椽长为檐椽长之半，则椽飞共长约为界深的四分之三，尚短于《工部工程做法》的"檐不过步"。

斗栱，本书称"牌科"。斗栱不但不用材份计，就是《工部工程做法》的"斗口"也已消失。牌科共有三种大小，以大斗实际尺寸命名。大斗高五寸、宽七寸，名五七式；高四寸、宽六寸，称四六式；高、宽均为上式加倍，称双四六式。五七式栱高三寸半、厚二寸半，实栱（即足材栱）高五寸半、厚二寸半。出参长（出跳）第一跳六寸，第二、三跳各四寸，可酌情收小。四六式栱高三寸、厚二寸，实栱高四寸，双四六式照此加倍。出参长第一跳五寸，第二、三跳各三寸。里外各出一跳名三出参，里外各出两跳名五出参，里外各出三跳名七出参。按其形式有六种——一斗三升科、一斗六升科、丁字科、十字科、枇杷科和网形科。不出跳柱头缝栌斗上用单栱名一斗三升科，用重栱名一斗六升科。丁字科外转出跳用华栱头。仅十字科里外均出跳。外转出跳，里转起杆长一界名琵琶科，即溜金斗栱。北方习称的如意斗栱，此则称网形科。

综上所述，可见全书所反映的木结构技术，在构造形式上并无创新之举，在技术规范上则既无古代模数的踪迹，也未有《工部工程做法》斗口制的影响。所有间广、进深、柱高以及构件规格，全部是具体尺寸或大致的比例，即某数是某数的几折或加或减之类。如此众多繁杂的数字是非常不容易记忆的，这就有赖于歌诀，一切重要原则数据都有一套歌诀。房屋规模三间四椽至九间十二椽，仍同古制。

据第六章配料之例，柁梁有独木、实叠、虚軿三制。独木用圆木去皮结方料即可；实叠用二木叠軿式；虚軿则系于梁两侧用厚版軿高，如《营造法式》里栿版做法，故外观似为大梁，实际是梁的上部中空假象。柱料小则以散木軿合。民间居室均需軿料，亦见此时木材缺乏之情况。断面狭高3∶2极少，2∶1乃至3∶1较多用，此视福建古建筑之例，似为一种地方习惯。斗栱形式简化，失去原有功能，自是早已有的趋势，至今又失去原有比例，可见此种结构已随时代而归淘汰。

第三节　明清建筑实例概况

现存明清实例极为丰富，而我们的工作却做得非常不够，迄今没有一套完整的测绘图。[①]

一、平面规模和尺度 [附表6]

前面已说过各时代建筑规模是逐步增加的，它表现在间、椽增多和间广增大，在前一时期最大规模为九间十椽，间广达到 7.68 米[②]，不超过 8 米。本时期故宫太和殿为九间十二椽（十三架）。虽然《营造法式》有十二椽的记载，但以前未见实例，而玄妙观三清殿十二椽是以穿逗构架形式出现的，用抬梁结构达十二椽，此为唯一实例。

又长陵祾恩殿、故宫太和殿、太庙正殿之总面广、总深及面积各为：长陵祾恩殿总面广 66.75 米 × 总深 29.31 米 = 1956.44 平方米，故宫太和殿总面广 60.14 米 × 总深 33.13 米 = 1992.44 平方米；太庙正殿总面广 66.45 米 × 总深 28.80 米 = 1913.76 平方米。此为这一时期规模最大的三座大殿 [插图五四，图版 114～121]。间广最大尺度在八米以上、九米以下的七例，九米以上的九例，最大一例为祾恩殿达 10.34 米。按间广尺寸如以宋代材等最大标准计，一等材广 8.64 米（二丈七尺），四等材广 6.912 米，则 8.6 米左右应属一等材，8 米左

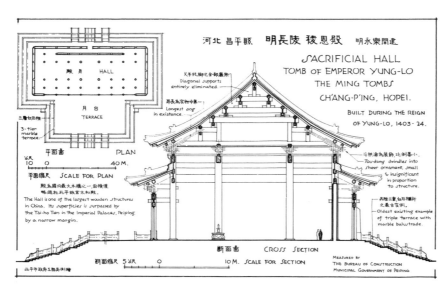

插图五四　长陵祾恩殿平面、断面图

[①] 实际上张镈等在抗战时期曾对故宫做过较详细测绘，但陈明达先生生前缘悭一面，今已无从推测他会如何评价张镈等的测绘工作了。

[②] 大同善化寺三圣殿。见第五章第二节。

右应属二等材，7米左右应属三或四等材。当然，相应的是檐径加大，但一般桁径加大不多，而脊桁则特别加大。例如，太庙正殿桁径38厘米而脊桁53厘米。作为木材的桁条、额枋，达到这样的跨度是惊人的。而梁长7~8米，高为55~75厘米；长8~13米，高为87~101厘米；长19~24米，高为119~135厘米。截面高宽比似无一定，大多数接近3∶2，少数在5∶2。

斗栱用料以斗口（与材厚相当）为准，最大12.7厘米（太庙正殿），合三寸九分七；最小7厘米（故宫保和殿），合二寸一分九。[①]如按宋代材等衡量，则在二寸至四寸之间，即斗口9厘米至12.7厘米，相当于六至八等材；7至8厘米，小于八等材一或二级。这与上述间广尺寸显然不能相应。而且材的大小与殿身规模也并不相适应，如太和殿斗口9厘米，社稷坛戟门斗口亦9厘米，保和殿斗口7厘米，而昭德门斗口却8厘米。由此可以看出这些建筑已完全不用前代的材份制。只有一个例外——大同南门楼，斗口12厘米，约合宋六等材，其间广、斗栱攒数、用料等尚近于《营造法式》。

所以，斗科的尺度完全是以使用的需要间广为标准，视间广决定斗口尺寸和应用攒数，而以攒数多少表示建筑物的重要性。如长陵祾恩殿、故宫太和殿、午门正楼等用八攒平身科，太庙正殿、社稷坛享殿、故宫文华殿、武英殿等用六攒平身科。而每攒的中距由略大于10斗口至13斗口，已与清《工部工程做法》规定接近，仅大同南门楼16.5斗口例外。攒数次间较明间一般收小两攒。明间大至八攒者，次间亦可收小三攒，如太和殿明间八攒，次间五攒。明间六攒者，次间亦可收一攒，如中和殿明间六攒，次间五攒。明间攒数均取双数，八、六或四攒。

柱子高、柱径、桁径、步架、檐出等各项数字，无法按斗栱用材计算。如按清《工部工程做法》，柱高60~70斗口，径6斗口，桁径4斗口，步架平长22斗口，檐出柱高30%即21斗口加出踩等等，亦均不能吻合。我曾试以间广七分之六为柱高，亦不得要领，可见是极为混乱的，当无统一的规定。

---

① 此为写作时的实测数据，似后有变更，为"三寸九分八七五≈四寸"。见附表8"斗口表"。

二、斗科形式 [附表 8、12]

计有单翘单昂、单翘重昂、重翘重昂、单翘三昂等多种形式。溜金斗科为常用的形式，多为外跳单翘重昂，有一些还保留着早期"不出跳用挑斡"的意味。凡用溜金斗科的步架都特别大，多在 3 米左右，如太庙正殿的上檐步 3.4 米，太庙正殿的下檐步 3.61 米，故宫保和殿的下檐步 3.44 米。

斗科各件的比例，升、斗、栱、出踩、拽架等，基本都是传统比例，但柱头出翘，昂已加宽。斗口以太庙正殿 12.7 厘米为最大，合三寸九分七，应为四寸；最小为故宫保和殿 7 厘米，合二寸一分九。这些与《工部工程做法》举例最为接近。有少数角科使用连瓣科，如故宫西华门、端门、午门、武英殿等，即采用每科两面加附角斗的古代做法。但它完全是为了在形式上使斗科分布均匀，并无结构意义，故端门下檐转角正面不加附角斗，仅山面加附角斗。

斗栱用料相对减少，使原来的殿堂结构完全改观，看不出分层结构的特点，斗栱不能成为一个结构层，只是在内外柱头上各成为一个小圈梁。殿堂特点方面仅内外柱同高尚存，分槽形式也不明确，并且如祾恩殿、午门正楼等外槽加大，内槽减小，使内外槽比例也随之改变，以致殿堂、厅堂的差别仅在于内柱是否加高 [插图五五]。

三、结构形式 [附表 9～12]

在前所列举的各表中，按结构形式去其重复，可得三类十六种形式。殿堂四式：太和门、祾恩殿、午门正殿、太和殿。厅堂八式：社稷坛戟门、西华门、武英殿、昭德门、文华殿、社稷坛前殿、苏州府文庙、保和殿。楼厅四式：北京智化寺如来殿、曲阜孔庙奎文阁、大同南门楼、故宫体仁阁。兹分述如下。

1. 殿堂结构形式，共四式。

太和门 [图版 122、123] 是一个重檐建筑，下檐周围廊各一步架，上檐七间九檩歇山，用中柱一列，下檐殿内柱与廊柱同高，柱头上各用五踩斗科，廊内通殿内天花相平。其上檐又各立上檐檐柱、中柱，柱间用四步架，中柱略加高至七架梁下。它的结构很不合理，有拼凑之感。按这样的布局，本来应是殿身分心槽，天花在殿身斗科

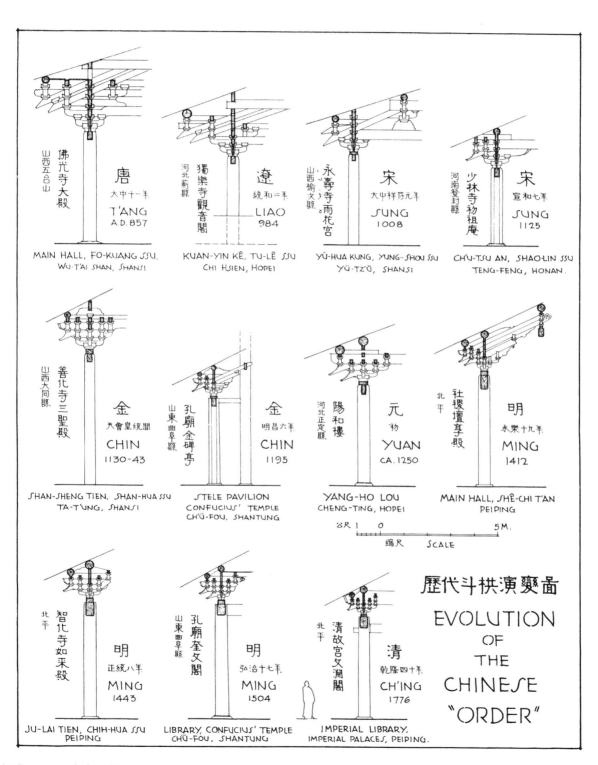

插图五五　历代斗栱演变图

之上，下檐四周各一步架。按此门原重修于清顺治二年（公元 1645 年），光绪十五年（公元 1889 年）又重建，或为清光绪年间重建时，因财力物力不足，就旧拼凑成此状。

长陵祾恩殿，屋架十一桁，殿身四柱等高，两内柱不与桁对中，又在四柱斗栱上立童柱，上承五架梁、双步梁。其下檐前后各出廊一步，两山于扒梁上立童柱，将梢间收进一步作下檐屋面。这显然是由双槽副阶周匝演变出的形式。此种于两山立童柱的做法，从此成为盛行的重檐结构形式。

还有午门正殿、太和殿，基本为同一类结构形式，仅细部略有不同。太和殿大至十三桁，下檐是四周各出廊一步。

2. 厅堂结构形式，共有八式。

七桁，三步架用三柱，如社稷坛戟门。

七桁，七架梁，周围出廊步，如故宫西华门。

九檩四柱，五架梁，如故宫武英殿前殿 ［图版 124］。

九桁，前后廊步，中柱三步架用五柱，如故宫昭德门。

十一桁，五架梁前后各三步梁，或七架梁前后各双步架，各四柱，如社稷坛前殿及故宫文华殿。

还有两例十一檩、重檐下檐各出廊一步的建筑。其一是苏州府文庙，上檐屋架本是七架梁前后各双步架形式，但前檐明间二柱不落地，颇与宋代晋祠圣母殿相似，立于加长至金柱的下檐挑尖梁背上。其二是故宫保和殿，殿内用一条后金柱，柱上承七架梁的一端，并受后檐的双步梁，前檐于檐柱、金柱内用大梁，梁前端加大合楷两重，上立童柱受前檐单步梁，上承七步梁端，也是一种极不合理的结构形式。据现有记载，此殿重建于明末天启五年（公元 1625 年），可见其时工程之草率将就。

3. 楼厅结构形式，共有四式。

北京智化寺如来殿是一个七檩的两层楼 ［图版 125］，上层用前后檐柱七架梁，前后檐柱直贯两层落地。上下层内安承重梁承楼板，承重梁延伸挑出为平坐，下层周围加外廊一周深一架，廊步上单步梁上又是童柱伸出廊上屋盖，承上层挑出的平坐。这种形式使平坐在室内所占空间极小，不形成平坐暗层。

另一例故宫体仁阁也是此种形式。所不同的是上层用九檩，前后用金柱，上顶于九架梁下，下通下层落地，上层檐柱及平坐童柱均立于下层双步架上，共上下两檐。其内平坐形成一个暗层。

其三是曲阜孔庙奎文阁［插图五六，本卷《中国建筑》之图版 88］，也是七檩两层楼，下层进深五间，檐柱、老檐柱各一周，后金柱一列，各柱头上用斗栱。上层是重檐共三檐，老檐柱、后金柱立于斗栱之上承重梁上。又在前后承重梁中部上立童柱承平坐，平坐上立上层下檐柱。室内后金柱直上至三架梁下，于前用四步梁，后用双步梁。它的特点是平坐形成结构暗层。

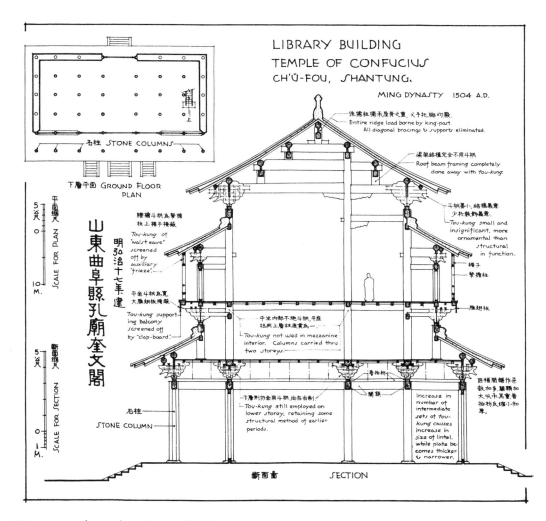

插图五六　曲阜孔庙奎文阁平面、断面图

最后是大同南门楼。上层主楼七檩，副楼五檩，三檐三层。下层四周各用檐外柱加出一间，其柱头双步梁后尾安于老檐柱（上层檐柱），梁上立中层檐柱，上层檐柱直下落地。此楼因损坏过甚，终于圮毁，幸尚存简测的图稿及摄影资料若干。[①] 它是多层建筑的重要实例，是现知唯一的古代不用平坐的楼阁结构的范例。

这几个楼厅的共同特点是都使用上下层连通的通柱，在通柱外侧都用下层檐柱、平坐童柱等围绕联系，而这些外围柱即立于下层的梁上，又自然形成逐层的向内退缩的形式。这是本时期普遍的多层结构形式，早期分层重叠的构造形式自此绝迹。

第四节　清《工部工程做法》[②]

这是清代初期主管工程的工部编订的房屋建筑则例，刊行于雍正十二年（公元1734年），是现存同类书的继宋代《营造法式》之后的重要典籍。全书七十四卷，内大木作包括斗科共四十卷，装修、石、瓦、发券、土作等做法共七卷，各作用料共十三卷，各作用工共十四卷。有清一代始终按这本则例办事，未曾有增补修改，但据各种老工匠的传抄秘本，实际上各种做法有很多微小的不同，各工匠又各有自己的师傅，其师传也不尽相同，但也无过大出入，可以认为是一代的标准。

但是，此书的体例却远不如《营造法式》。它的大木做法只是列举了二十七个不同规模形式的建筑，每一个建筑均详细记述了每一个构件的长短大小，而没有归纳总结出计算各种构件的总法则（原注四）。

现即据各卷所叙，归纳为斗科、大木大式带斗科、大木小式、大木四大类，综述如下［插图五七］。

---

① 参阅梁思成、刘敦桢:《大同古建筑调查报告》,《中国营造学社汇刊》第四卷第三、四期合刊。
② 参阅梁思成:《清式营造则例》，载《梁思成全集》第五卷，中国建筑工业出版社，2001。

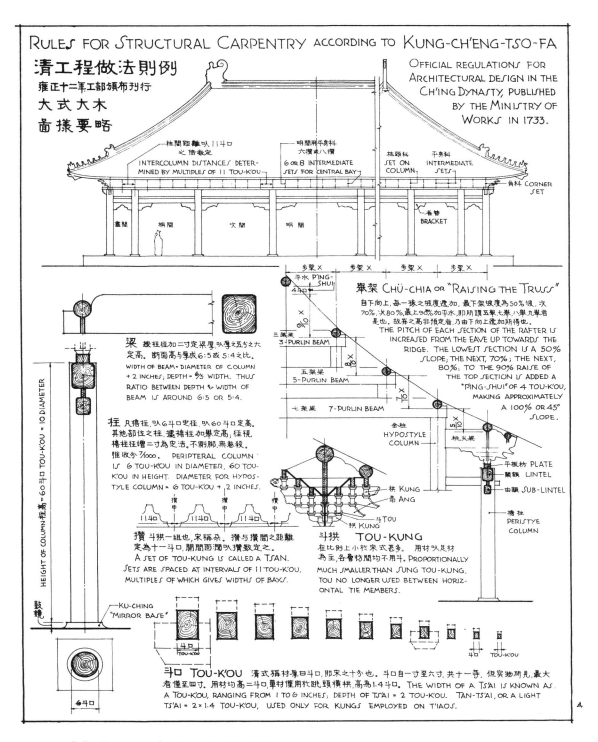

插图五七　清《工部工程做法》则例大式大木图样要略

一、斗科（缺）①

第五节　殿堂残迹——连瓣科、檐不过步（缺）②

第六节　新制度的产生（缺）③ [插图五八]

作者原注

一、参阅：《绘图鲁班经》，上海校经山房据明崇祯年间刻本重印刊行；刘敦桢《鲁班营造正式》，《文物》1962 年第 2 期；王世襄《〈鲁班经匠家镜〉家具条款初释》，《故宫博物院院刊》1980 年第 3 期、1981 年第 1 期；陈增弼《〈鲁班经〉与〈鲁班营造正式〉》，《建筑历史与理论》第三、四辑。

二、计成：《园冶》，城市建设出版社，1959 年 3 月重印本。

三、姚承祖原著、张至刚增编、刘敦桢校阅：《营造法原》，建筑工业出版社，1959 年。

四、斗科各式，无原则指导标准，要从此二十七式中去寻找。

---

① 本节原稿至此为止，以下空缺。
② 作者原稿仅存此节名目。
③ 作者原稿仅存此节名目，写作至此终止。

古代建筑通史与木结构技术史专论

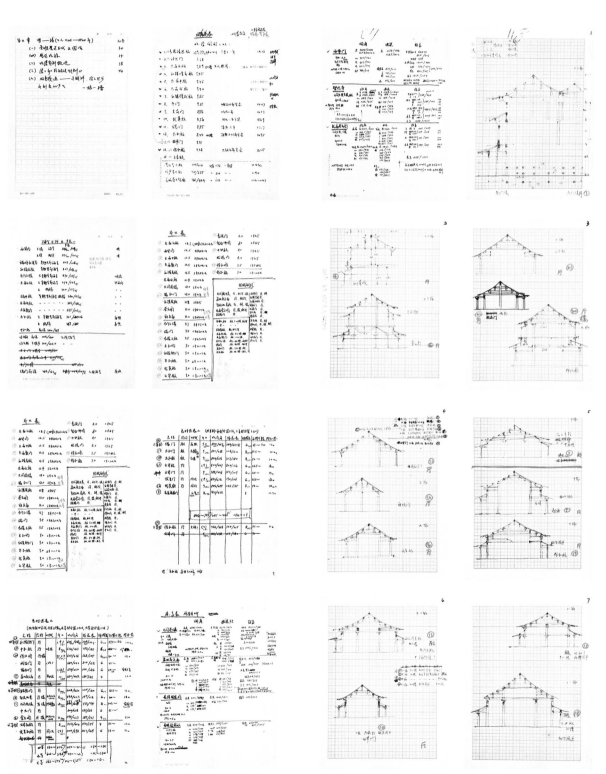

插图五八　第五、六章部分工作手稿

255

附 表

表1 唐—北宋重要木结构建筑实例 间椽形式

顺序	建筑名称	年代	间椽	结构形式	屋盖形式
1	山西五台南禅寺大殿	唐建中三年（782年）	四椽三间	厅堂通檐用二柱	厦两头
2	山西五台佛光寺大殿	唐大中十一年（857年）	八椽七间	殿堂金箱斗底槽	四阿
3	山西平遥镇国寺大殿	北汉天会七年（963年）	六椽三间	厅堂通檐用二柱	厦两头
4	福建福州华林寺大殿	吴越钱弘俶十六年*（964年）	八椽三间	厅堂前后乳栿用四柱	厦两头
5	河北涞源阁院寺文殊殿	辽应历十六年（966年）	六椽三间	厅堂前四椽栿后乳栿用三柱	厦两头
6	河北蓟县独乐寺山门	辽统和二年（984年）	四椽三间	殿堂分心斗底槽	四阿
7	河北蓟县独乐寺观音阁	辽统和二年（984年）	八椽五间重楼	殿堂金箱斗底槽	厦两头
8	江苏苏州虎丘灵岩寺二山门	宋至道中（995—997年）	四椽三间	厅堂分心用三柱	厦两头
9	山西榆次永寿寺雨华宫	宋大中祥符元年（1008年）	六椽三间	殿堂单槽	厦两头
10	浙江余姚保国寺大殿	宋大中祥符六年（1013年）	八椽三间	厅堂前三椽栿后乳栿用四柱	厦两头
11	辽宁义县奉国寺大殿	辽开泰九年（1020年）	十椽九间	厅堂前四椽栿后乳栿用四柱	四阿
12	山西太原晋祠圣母殿	宋天圣间（1023—1031年）	八椽五间副阶周匝	殿堂单槽	厦两头
13	河北宝坻广济寺三大士殿	辽太平五年（1024年）	八椽五间	厅堂前三椽栿后乳栿用四柱	四阿
14	河北新城开善寺大殿	辽重熙二年（1033年）	六椽五间	厅堂乳栿对四椽栿用三柱	四阿
15	山西大同下华严寺薄伽教藏殿	辽重熙七年（1038年）	八椽五间	殿堂金箱斗底槽	厦两头
16	河北正定隆兴寺摩尼殿	宋皇祐四年（1052年）	八椽五间副阶周匝	殿堂金箱斗底槽	厦两头
17	山西应县佛宫寺释迦塔	辽清宁二年（1056年）	十椽八面三间五重楼	殿堂金箱斗底槽	斗尖、铁刹
18	山西大同善化寺大殿	辽约十一世纪中	十椽七间	厅堂前四椽栿后乳栿用四柱	四阿
19	山西大同上华严寺海会殿	辽约十一世纪中	八椽五间	厅堂前后乳栿用四柱	不厦两头
20	山西大同善化寺普贤阁	辽约十一世纪中	四椽三间重楼	厅堂通檐用二柱	厦两头
21	河北易县开元寺观音殿	辽乾统五年（1105年）	四椽三间	厅堂通檐用二柱	厦两头
22	河北易县开元寺毗卢殿	辽乾统五年（1105年）	六椽三间	厅堂通檐用二柱	厦两头
23	河北易县开元寺药师殿	辽乾统五年（1105年）	四椽三间	厅堂通檐用二柱	四阿
24	河南登封少林寺初祖庵	宋宣和七年（1125年）	六椽三间	厅堂前乳栿后劄牵用四柱	厦两头

* 吴越国无专有年号，后世常以他国年号为其纪年。因其建筑风格属于晚唐至五代十国，作者以吴越钱弘俶十六年（公元964年）纪年，而不按惯例写作"宋乾德二年"。下同。

表2　唐—北宋重要木结构建筑实例　材栔实测数

顺序	建筑名称	份值（厘米）	材（厘米／份）	栔高（厘米／份）	足材高（厘米／份）	相当《法式》材等
1	南禅寺大殿	1.60	24×16/15×10	11～12/6.8～7.5	35/21.8	三
2	佛光寺大殿	2.00	30×20.5/15×10.25	13/6.5	43/21.5	一
3	镇国寺大殿	1.47	22×16/15×10.8	10/6.8	32/21.8	四
4	华林寺大殿	2.20	33×17/15×7.7	14.5/6.6	47.5/21.6	一
5	阁院寺文殊殿	1.733	26×17/15×9.8	14/8.07	40/23.07	二
6	独乐寺山门	1.60	24×17/15×10.6	12.5/7.8	36.5/22.8	三
7	独乐寺观音阁	1.70	25.5×18/15×10.6	13/7.6	38.5/22.6	二
8	灵岩寺二山门	1.37	20×13/15×9.8	9/6.57	29/21.6	五
9	永寿寺雨华宫	1.60	24×16/15×10	7～12/4.4～7.5	36/22.5	三
10	保国寺大殿	1.43	21.5×14.5/15×10.1	8.7/6.0	30.2/21	五
11	奉国寺大殿	1.93	29×20/15×10.3	14/7.2	43/22.2	一
12	晋祠圣母殿	1.43	21.5×16/15×11.1	11.5/8	33/23	五
13	广济寺三大士殿	1.60	24×16/15×10	10～14/6.25～8.7	35/21.8	三
14	开善寺大殿	1.57	23.5×16.5/15×10.5	11～13/7～8.3	36.5/23.3	三
15	下华严寺薄伽教藏殿	1.60	24×17/15×10.6	10～11/6.25～6.9	34.5/21.7	三
16	隆兴寺摩尼殿	1.40	21×15/15×10.7	10/7	31/22	五
17	佛宫寺释迦塔	1.70	25.5×17/15×10	11～13/6.4～7.6	36.5/21.4	二
18	善化寺大殿	1.73	26×17/15×9.8	11～12/6.4～6.9	37.5/21.7	二
19	上华严寺海会殿	1.60	24×16/15×10	11/6.9	35/21.9	三
20	善化寺普贤阁	1.50	22.5×15.5/15×10.3	10～12/6.7～8	33.5/22.3	四
21	开元寺观音殿	1.466	22×16/15×10.9	10/6.8	32/21.8	五
22	开元寺毗卢殿	1.466	22×16/15×10.9	12/8	34/23	五
23	开元寺药师殿	1.433	21.5×16/15×11.6	10.5/7.3	32/22.3	五
24	少林寺初祖庵	1.233	18.5×11.5/15×9.3	7/5.7	25.5/20.7	六

表 3 唐—北宋重要木结构建筑实例 间广、椽长、檐出实测材份

顺序	建筑名称	份值（厘米）	相当《法式》材等	当心间广（厘米／份）	椽长（厘米／份）	檐飞共出（厘米／份）	总檐出（连出跳）（厘米／份）	补间朵数
1	南禅寺大殿	1.60	三	502/314	248.5/155	85/53	166/103	无
2	佛光寺大殿	2.00	一	504/252	222.5/111	166/83	363/182	一
3	镇国寺大殿	1.47	四	455/310	188/128	151/102	294/199	一
4	华林寺大殿	2.20	一	649/295	193/90			二
5	阁院寺文殊殿	1.733	二	608/352	288/166	206/119	296/171	一
6	独乐寺山门	1.60	三	606/378	244/152	175/110	259/162.5	一
7	独乐寺观音阁	1.70	二	476/275	183/107	上 142/83 下 150/89	332/195 316/189	一或无
8	灵岩寺二山门	1.37	五	600/438	178/130	131.5/97	174/128	二
9	永寿寺雨华宫	1.60	三	485/303	237/148	170/107	248/156	无
10	保国寺大殿	1.43	五	562/393	214/150	130/93	295/208	二
11	奉国寺大殿	1.93	一	590/306	274/142	242/125	433/224	一
12	晋祠圣母殿	1.43	五	498/348	185/129	殿身 157/110 副阶 146/102	267/187 226/158	一或无
13	广济寺三大士殿	1.60	三	548/343	227/142	137/85	217/134	一
14	开善寺大殿	1.57	三	579/369	240.5/153	181.5/115	266.5/169	一
15	下华严寺薄伽教藏殿	1.60	三	585/366	234/146	198/124	279/175	一
16	隆兴寺摩尼殿	1.40	五	572/409	252/180	殿身 160/114 副阶 155/111	240/171 235/168	二
17	佛宫寺释迦塔	1.70	二	444/261	223/131	殿身 192/112 副阶 198/117	276/162 377/222	一
18	善化寺大殿	1.73	二	710/410	254/147	212/123	310/180	一
19	上华严寺海会殿	1.60	三	613/383	252/158	168/105	229/143	无
20	善化寺普贤阁	1.50	四	517/345	261/174	上 170/114 下 170/114	249/167 248/166	一
21	开元寺观音殿	1.466	五	420/286	210/143	145/99	208/142	一
22	开元寺毗卢殿	1.466	五	420/285	201/136	154/104	234.5/159	一
23	开元寺药师殿	1.433	五	535/372	230/160	127/98	203/142	一
24	少林寺初祖庵	1.233	六	412/335	201/164	174/141	246/199	二

表4 唐—北宋重要木结构建筑实例 柱高、铺作高、举高实测材份

顺序	建筑名称	份值（厘米）	相当《法式》材等	下檐柱高（包括普拍方）（厘米/份）	铺作高（厘米/份）	前后橑檐方心长（厘米/份）	举高（厘米/份）	总高（厘米/份）
1	南禅寺大殿	1.60	三	382/239	157/98	1112/696	201/126	740/463
2	佛光寺大殿	2.00	一	499/250	249/125	2160/1080	441/221	1189/595
3	镇国寺大殿	1.47	四	342/233	185/126	1363/927	360/245	887/604
4	华林寺大殿	2.20	一	480/218	265/120	1884/856	458/208	1203/546
5	阁院寺文殊殿	1.733	二	473/273	190/110	1747/1008	418/242	1081/625
6	独乐寺山门	1.60	三	434/271	174.5/109	1030/643	264.5/165	873/545
7	独乐寺观音阁	1.70	二	屋内 429/252	221/130	1698/999	459/270	1973/1162
8	灵岩寺二山门	1.37	五	382/279	87.5/64	785/573	289/211	758.5/554
9	永寿寺雨华宫	1.60	三	418/261	154/96	1476/823	380/238	952/595
10	保国寺大殿	1.43	五	422/295	175/122	1665/1164	552/386	1149/803
11	奉国寺大殿	1.93	一	615/319	248/128	2895/1500	728/377	1591/824
12	晋祠圣母殿	1.43	五	殿身 796/318 副阶 399/279	180/126 148/103	1692/1183 385/269	470/329 158/110	1446/1012 705/492
13	广济寺三大士殿	1.60	三	456/285	175/109	1960/1225	485/303	1116/687
14	开善寺大殿	1.57	二	499.5/318	173.5/111	1613/1027	407.5/260	1080.5/689
15	下华严寺薄伽教藏殿	1.60	三	516/323	169/106	2008/1256	450/281	1135/710
16	隆兴寺摩尼殿	1.40	五	殿身 875.5/625 副阶 383/274	95/68 155/111	1992/1423	595/425 217/155	1565.5/1118 755/540
17	佛宫寺释迦塔	1.70	二	殿身 885/521 副阶 443/261	208/122 170.5/100	五层 2070/1218	528/311 142/84	
18	善化寺大殿	1.73	二	648/375	193/112	2671/1944	691/399	1532/886
19	上华严寺海会殿	1.60	三	451/282	100/63	2048/1280	470/294	1021/639
20	善化寺普贤阁	1.50	四	上 398/265 下 519/346	160/107	1138/759	293/195	
21	开元寺观音殿	1.466	五	353/241	101/69	950/648	250/170	704/480
22	开元寺毗卢殿	1.466	五	426.5/291	163.5/112	1075/730	322/220	912/623
23	开元寺药师殿	1.433	五	394.5/276	120.5/84	1030/712	256/186	781/546
24	少林寺初祖庵	1.233	六	353/287	115/93	1198/975	375/305	843/685

表5 唐—北宋重要木结构建筑实例 主要构件规格（厘米／份）

顺序	建筑名称	份值（厘米）	相当《法式》材等	柱径	槫径	椽径	主梁		平梁	
							长	截面	长	截面
1	南禅寺大殿	1.60	三	41/25	24/15	10/6	四椽 960/604	45×33/28×21	297/186	33×27/21×17
2	佛光寺大殿	2.00	一	54/27	34/17	14/7	四椽 882/441	54×43/27×22	437/219	45×33/23×17
3	镇国寺大殿	1.47	四	46/31	28/19	11/7	六椽 1028/699	41×28/28×19	366/249	44×28/30×19
4	华林寺大殿	2.20	一	64/29	30/14		四椽 684/311	54×59/24.5×27	350/159	52×56/23.6×25
5	阁院寺文殊殿	1.733	二	50/29	40/23	14/8	六椽 1072/629	63×45/37×26	577/333	46×30/27×17
6	独乐寺山门	1.60	三	50/31	35/22	12/8	乳栿 429/236	54×34/30×18	486/298	49×31/31×19
7	独乐寺观音阁	1.70	二	50/30	35/21	15/9	四椽 732/430	57×28/33×17	366/215	45×24/26×14
8	灵岩寺二山门	1.37	五	38/28	28/20	12.5/9	乳栿 350/255	62×23/45×17		
9	永寿寺雨华宫	1.60	三	48/30	30/19	12/8	四椽 897/561	47×34/29×21	474/296	37×20/23×13
10	保国寺大殿	1.43	五	56/39	30/21	14/10	三椽 578/404	82×36/57×25	428/299	54×24/33×17
11	奉国寺大殿	1.93	一	67/35	29/15	12.5/6	四椽 996/516	71×48/37×25	498/258	54×38/28×20
12	晋祠圣母殿	1.43	五	48/34	25/17	13/9	六椽 1104/772	53×40/37×28	368/257	32×24/22×17
13	广济寺三大士殿	1.60	三	51/32	40/25	12/8	三椽 673/421	53×35/33×22	454/284	45×26/28×16
14	开善寺大殿	1.57	三	53/34	23/15	13/8	四椽 953/607	70×38/45×24	481/306	48×27/31×17
15	下华严寺薄伽教藏殿	1.60	三	51/32	32/20	11/7	四椽 937/586	51×34/32×21		
16	隆兴寺摩尼殿	1.40	五	63/45	31/22	12/9	四椽 952/680	72×25/51×18	470/336	40×23.5/29×17
17	佛宫寺释迦塔	1.70	二	64/38	34×18/20×11	15/9	六椽 1158/681	60×32/35×19		
18	善化寺大殿	1.73	二	67/39	34/20	13/8	四椽 1016/587	75×34/43×20	508/294	45×24/26×14
19	上华严寺海会殿	1.60	三	45/28	34/21	11/7	四椽 968/605	68×40/43×25	464/290	50×29/31×18
20	善化寺普贤阁	1.50	四	53/35	30/20	13/9	四椽 978/652	54×42/37×28	522/348	44×29/29×19
21	开元寺观音殿	1.466	五	48/33	30/21	11/8			500/341	45×18/31×12
22	开元寺毗卢殿	1.466	五	46/32	29/20	10.5/7	六椽 914/620	67×38/47×26	402/272	45×20/31×14
23	开元寺药师殿	1.433	五	48/34	30/21	12/8	四椽 876/611	52×30/36×21	460/321	43×21/30×15
24	少林寺初祖庵	1.233	六	56/46	25/20	9/7	三椽 569/464	35×30/29×24	368/300	28×23/23×19

表6 明、清两代木结构建筑开间简表

顺序	建筑名称	明间间广		斗科形式	年代
1	长陵祾恩殿	10.34	九间 67×29	溜金莲瓣	永乐十一年（1413年）
2	故宫神武门	9.78			
3	太庙正殿	9.59			
4	故宫西华门	9.51	分心槽		万历、乾隆
5	社稷坛前殿	9.45			
6	太庙中殿	9.45			
7	太庙后殿	9.40			
8	社稷坛后殿	9.35			
9	故宫午门	9.15			顺治四年（1647年）重建
10	故宫天安门	8.56			顺治八年（1651年）
11	故宫武英殿	8.56			同治八年（1869年）重建
12	故宫端门	8.55			康熙六年（1667年）重建
13	故宫太和殿	8.44	双槽		康熙三十四年（1695年）重建
14	故宫保和殿	7.32			天启五年（1625年）重建
15	故宫交泰殿				

附：明清之前可资比较的重要实例

善化寺大殿　　710/410　　份值1.73　　二等材　　十一世纪

华严寺大殿　　710/335　　份值2.00　　一等材　　1140年

善化寺三圣殿　710/444　　份值1.73　　二等材　　1128—1143年

表7 明、清两代木结构建筑斗科及步架

顺序	建筑名称	斗科	步架	年代
1	故宫西华门	上檐 溜金斗科 下檐 挑斡	286 厘米 /149 份 271 厘米 /141 份	万历、乾隆
2	社稷坛前殿	单翘重昂溜金斗科	203 厘米 /106 份	
3	社稷坛后殿	单翘单昂溜金斗科	207 厘米 /108 份	
4	故宫午门正楼	下 单翘重昂溜金斗科	290 厘米 /151 份	顺治四年（1647 年）重建
5	太庙正殿	下 单翘重昂溜金斗科 上 挑斡	274 厘米 /143 份 340 厘米 /177 份	
6	太庙中殿	单翘重昂溜金斗科、挑斡	320 厘米 /167 份	
7	太庙后殿	单翘重昂溜金斗科、挑斡	323 厘米 /168 份	
8	太庙戟门	单翘重昂溜金斗科、挑斡	275 厘米 /143 份	
9	故宫太和殿	下 单翘重昂溜金斗科 上 挑斡	261 厘米 /206 份 317 厘米 /180 份	康熙三十四年（1695 年）重建
10	故宫中和殿		廊深 260 厘米 /169 份	
11	故宫保和殿	不用溜金斗科	廊深 256 厘米 /160 份 下步檐 344 厘米 /215 份	天启五年（1625 年）重建
12	故宫端门	不用溜金斗科	廊深 286 厘米 /163 份	
13	故宫文华殿	单翘单昂溜金斗科	193 厘米 /109 份	
14	故宫武英门	单翘单昂溜金斗科	190 厘米 /108 份	
15	故宫武英殿		217 厘米 /168 份	

表8　斗口表

顺序	建筑名称	厘米	寸	相当于《营造法式》的材等	年代
7	太庙正殿	12.7	三寸九分八七五≈四寸	六等材	
10	故宫西华门	12.5	三寸九分六二五	六等材	
8	太庙中殿	12.5	三寸九分六二五	六等材	
9	太庙戟门	12.5	三寸九分六二五	六等材	
11	社稷坛前殿	12.5	三寸九分六二五	六等材	
	太庙后殿	12.4	三寸八分七五	六等材	
1	大同南门楼	12.0	三寸七分五	六等材	
22	故宫协和门	12.0	三寸七分五	六等材	
	社稷坛后殿	11.2	三寸五分	七等材	
6	曲阜文庙奎文阁	11.0	三寸四分三七五	七等材	
5	苏州府文庙	11.0	三寸四分三七五	七等材	
13	故宫午门正楼	9.7	三寸零三一二五	八等材	
14	故宫端门	9.5	二寸九分八七五	八等材	
3	长陵祾恩殿	9.5	二寸九分八七五	八等材	
17	故宫太和门	9.0	二寸八分一二五	八等材	
12	社稷坛戟门	9.0	二寸八分一二五	八等材	
18	故宫太和殿	9.0	二寸八分一二五	八等材	
16	故宫武英殿	9.0	二寸八分一二五	八等材	
21	故宫文华殿	9.0	二寸八分一二五	八等材	
2	长陵祾恩门	8.0	二寸五分		
4	智化寺如来殿	8.0	二寸五分		
15	故宫中和殿	8.0	二寸五分		
	故宫昭德门	8.0	二寸五分		
20	故宫体仁阁	7.5	二寸三分四三		
19	故宫保和殿	7.0	二寸一分八七五		

表9 结构形式

顺序	建筑名称		年代
1	大同南门楼	厅堂，副阶，楼厅	
5	苏州府文庙	厅堂，副阶	
4	智化寺如来殿	厅堂，副阶，楼厅	
6	曲阜文庙奎文阁	厅堂，副阶，楼厅	
2	长陵祾恩门	厅堂	
7	太庙正殿	殿堂，分心槽，副阶	
7	太庙中殿	殿堂，分心槽，副阶	
7	长陵祾恩殿	殿堂，副阶	
	太庙后殿	殿堂，分心槽	
	太庙戟门	殿堂，分心槽	
13	故宫午门正楼	殿堂，双槽，副阶	
14	故宫端门	殿堂，双槽，副阶	
17	故宫太和门	殿堂，分心槽，副阶	
18	故宫太和殿	殿堂，双槽，副阶	
18	故宫西华门	厅堂，副阶	
11	社稷坛前殿	厅堂	
	社稷坛后殿	厅堂	
8	故宫阙左门	厅堂	
9	社稷坛戟门	厅堂	
15	故宫中和殿	厅堂	
16	故宫武英殿	厅堂	
19	故宫保和殿	厅堂，副阶	
20	故宫体仁阁	厅堂，楼厅，副阶	
21	故宫文华殿	厅堂	
22	故宫协和门	厅堂	
	故宫昭德门	厅堂	
12	故宫中右门	厅堂	

表 10　总对照表一
（材等按面广比照宋制折合，折宋制合一等材，份值 1.92）

建筑名称	结构形式	年代	斗口	明间广 （厘米／份）	椽最长 （厘米／份）	平身攒数①	每攒份数	攒档口数	材等
故宫西华门	厅堂	明初	12.5 厘米（四寸）	951/495	286/149	6 4 4 1	70.5 ～ 68	11	一等材
社稷坛前殿	厅堂	明	12.5 厘米（四寸）	946.5/492.5	203/105.8	6 4 4	70 ～ 66	11	一等材
社稷坛后殿	厅堂	明	11.2 厘米（三寸六）	935/487	207/108	6 4 4	70 ～ 65	11	一等材
故宫午门正殿	殿堂	清顺治	9.7 厘米（三寸）	915/475.5	285/149	8 5 5 5 5	53 ～ 54	10+	一等材
太庙正殿	殿堂	明万历	12.7 厘米（四寸）	955/494	340/177	6 4 4 4 4	70.5 ～	10+	一等材
太庙中殿	殿堂	明万历	12.5 厘米（四寸）	945/492	320/167	6 4 4 4 4	70 ～	11	一等材
太庙后殿	殿堂	明万历	12.4 厘米（四寸）	940/490	323/168	6 4 4 4 4	70 ～	11	一等材
太庙戟门	殿堂	明万历	12.5 厘米（四寸）	948/494	275/143	6 4 4 4 4	20.5 ～	11	一等材
长陵祾恩殿		明永乐	9.5 厘米（三寸）	1034/538					一等材

表 11　总对照表二
（折宋制合二等材，份值 1.76；三等材，份值 1.60）

建筑名称	结构形式	年代	斗口	明间广 （厘米／份）	椽最长 （厘米／份）	平身攒数	每攒份数	攒档口数	材等
故宫端门	殿堂	清康熙	9.5 厘米（三寸）	850/483	286/162.5	6 4 4 4 4	69 ～ 70	13	二等材
故宫太和门	殿堂	清光绪	9 厘米（二寸八）	830/472	2286/130	8 5 5 5	52.5 ～	10+	二等材
故宫太和殿	殿堂	清光绪	9 厘米（二寸八）	844/478	317/180	8 5 5 5	54 ～	10+	二等材
故宫文华殿	厅堂	清光绪	9 厘米（二寸八）	822/467	240/136	4 4 4	66.5 ～	13	二等材
故宫文华门	厅堂	清光绪	9 厘米（二寸八）	788/448	193/109	4 4 3	64 ～	12	二等材
故宫武英门	厅堂	清同治	9 厘米（二寸八）	830/472	190/108	4 4 3	67.5 ～	13	二等材
故宫武英殿	厅堂	清同治	9 厘米（二寸八）	856/485	238/135	8 5 5	54 ～	10+	二等材
长陵祾恩门	厅堂	明永乐	8 厘米（二寸五）	831/472		8	54 ～	10.5	二等材
故宫保和殿	厅堂	明天启	7 厘米（二寸二）	732/458	344/215	8 6 6 6 3	51 ～	11	三等材

---

① 陈明达先生此栏所记数字，原意是指当心间平身科攒数以及次间、梢间等的平身科攒数（因古建筑立面对称，故只统计一侧）。将这些数字与立面对照起来看，就一目了然了。如第一个实例故宫西华门，当心间 6 攒，两次间均为 4 攒，梢间 1 攒，综合数字就是“6 4 4 1”，以半边计，余下以此类推即可。需要注意的是，重檐建筑有上下两层檐或三层檐（如重檐三滴水），表格中的太庙统计的是上檐的情况。表 11、12 情况相同。——周学鹰补注

表12　总对照表三

（折宋制合四等材，份值 1.576；五等材，份值 1.408；六等材，份值 1.28）

建筑名称	结构形式	年代	斗口	明间广（厘米/份）	椽最长（厘米/份）	平身攒数	每攒份数	攒档口数	材等
社稷坛戟门	厅堂		9厘米（二寸八）	646/418	158/102	6 4 4	59.5～66	10+	四等材
故宫中和殿	厅堂	清顺治	8厘米（二寸五）	636/413	186/121	6 5 2		11+	四等材
故宫体仁阁	厅堂		下7.5厘米（二寸三）上7厘米（二寸）	645/418	162/105	6 5 5 5 4	60～	11+	四等材
故宫阙右门	厅堂	明		680/442	204/132	6	63～	11+	四等材
故宫协和门	厅堂		12厘米（三寸七）	680/442	194/126	6	64～	11+	实核六等
苏州府文庙	厅堂	明成化	11厘米（三寸四）	690/450	185/121	4		12	四等材
故宫昭德门	厅堂		8厘米（二寸五）	602/430	225/160	6 5 2	61.5～	11+	五等材
智化寺如来殿	厅堂	明正德九年（1514年）	8厘米（二寸五）	592/423	157/112	6 4	60～	11+	五等材
大同南门楼	厅堂	明洪武	12厘米（三寸七）	593/422	133/94	2 1	142～	11+	实核六等
故宫中右门	厅堂			600/428	183/123	6	61～		五等材
曲阜孔庙奎文阁	厅堂		11厘米（三寸四）	594/423	185/131	4 2 2		11	五等材
故宫文华配殿	厅堂		8厘米（二寸五）	532/416	194/151	4	83～	13	六等材
故宫武英配殿	厅堂		9厘米（二寸八）	504/392	217/169	4	78～	11	六等材

说明：

四等材 690～632厘米/450～413份　三寸七～二寸三

五等材 603～592厘米/430～423份　三寸四～二寸五

六等材 532～504厘米/416～392份　二寸八～二寸五

图 版

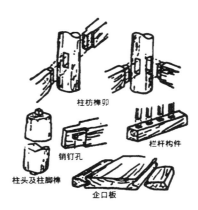

图版 1　河姆渡遗址出土的木建筑构件

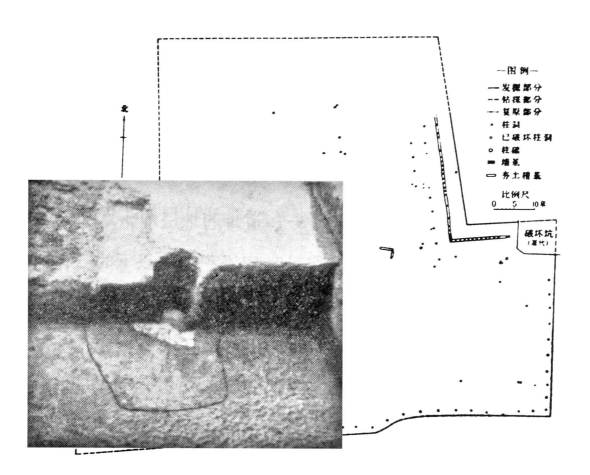

图版 2　二里头遗址夯土宫殿基址平面图及第 3 号柱洞解剖

图版 3　蕲春毛家嘴西周时期建筑遗址之一

图版 4　蕲春毛家嘴西周时期建筑遗址之二

图版 5　洛阳西郊汉代住宅遗址之一　　　图版 6　洛阳西郊汉代住宅遗址之二

图版 7　盘龙城商代宫殿遗址（由西向东摄）

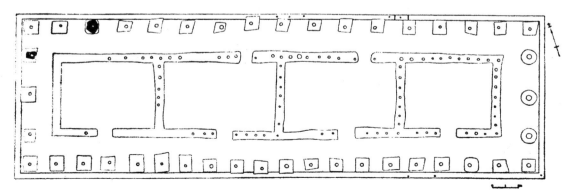

图版 8　盘龙城商代宫殿遗址平面图

图版 9　新宁某庵堂梁架　穿逗式屋架（殷力欣补摄）

图版 10　北京贾家胡同永州会馆拆迁现场　可见抬梁式屋架（殷力欣补摄）

图版 11　福州三坊七巷某宅所见挑梁做法（殷力欣补摄）

图版 12　云南南华县井干式木屋（陈明达摄于 1939 年）

图版 13　木里藏族自治县悬臂木桥（陈明达收藏，背面注"跨度五丈余"）

图版 14　新宁江口桥（刘敦桢摄于 1937 年）

图版 15　彝族建筑遗存外景［克劳斯·茨威格（Klaus Zwerger）补摄］

图版 16　彝族建筑遗存外景　檐架（茨威格补摄）

图版 17　新构筑的彝族建筑内景（茨威格补摄）

图版 18　咸阳秦一号宫殿遗址之全景

图版 19　咸阳秦一号宫殿遗址之走廊

图版 20　西安灞桥（中国营造学社旧照）

图版 21 与沂南汉墓类似的肥城孝堂山石室（刘敦桢摄）

图版 22 彭山第 460 号墓柱栱（陈明达摄）

图版 23 彭山第 530 号墓发掘现场（陈明达摄）

图版 24 彭山第 355 号墓发掘现场（陈明达摄）

图版 25 四川宜宾黄伞溪崖墓外景（丁垚补摄）

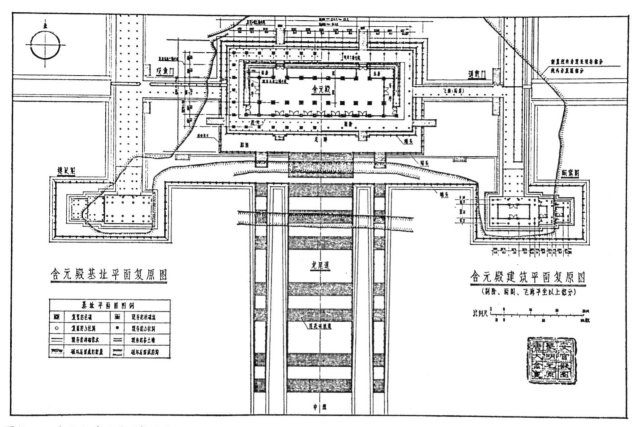

图版 26　含元殿基址平面复原图

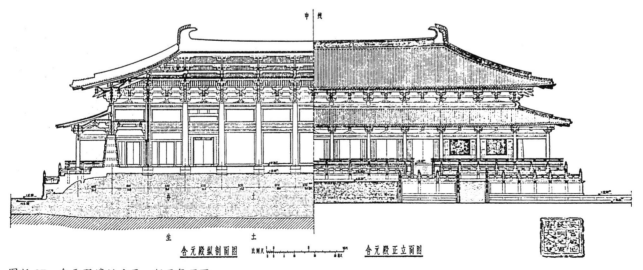

图版 27　含元殿遗址立面、断面复原图

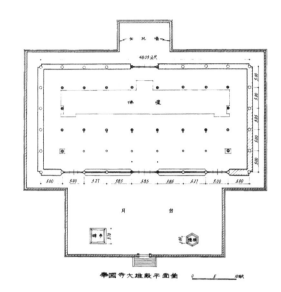

图版 28　辽宁义县奉国寺大殿旧影（中国营造学社旧照）

图版 29　奉国寺大殿平面图（北京文物整理委员会旧图）

图版 30　奉国寺大殿戗脊及铺作（殷力欣补摄）

图版 31　佛光寺东大殿外景（莫宗江摄）

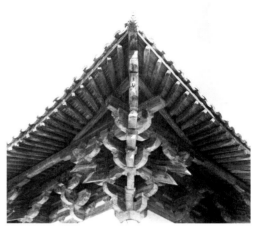

图版 32　佛光寺东大殿转角铺作（中国营造学社旧照）

图版 33　佛光寺东大殿内部梁架之一（梁思成摄）

图版 34　佛光寺东大殿内部梁架之二（梁思成摄）

图版35　山西五台南禅寺旧影（陈明达摄）

横　断　面

山西五台縣南禅寺大殿

比例尺

北京文物整理委員會　1954年3月绘制

图版36　南禅寺横断面图（北京文物整理委员会旧图）

图版 37　福州华林寺正立面（殷力欣补摄）

图版 38　华林寺铺作层（殷力欣补摄）

图版 39　华林寺大殿内景（殷力欣补摄）

图版 40　保国寺大殿外景（温静补摄）

图版 41　保国寺大殿内景（温静补摄）

图版 42　山西大同下华严寺海会殿旧影（中国营造学
社旧照，水残资料）

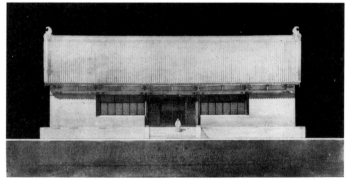

图版 43　海会殿渲染图（莫宗江绘）

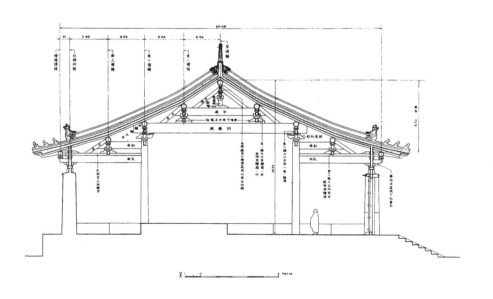

图版 44　海会殿横断面图

山西大同下华严寺海会殿

图版 45　平遥镇国寺大殿外檐斗栱（陈明达摄）

图版 46　镇国寺大殿明间梁架（陈明达摄）

287

图版 47 河北新城开善寺大殿外观（陈明达摄）

图版 48 开善寺大殿转角铺作（陈明达摄）

图版 49 开善寺大殿内景（图中工作者为刘敦桢、陈明达，赵正之摄）

图版 50 山西大同善化寺普贤阁旧影（梁思成摄）

图版 51 善化寺普贤阁渲染图（莫宗江绘）

图版 52　天津独乐寺观音阁正立面外景（陈明达摄）

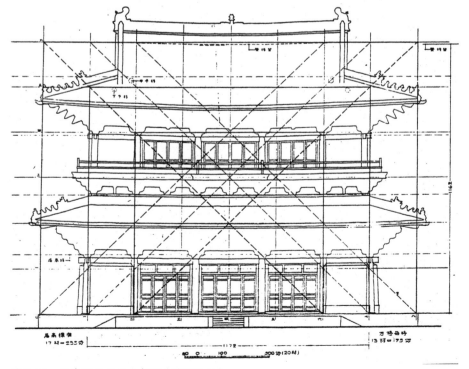

图版 53　观音阁正立面分析图（陈明达绘）

图版 54　山西应县木塔全景

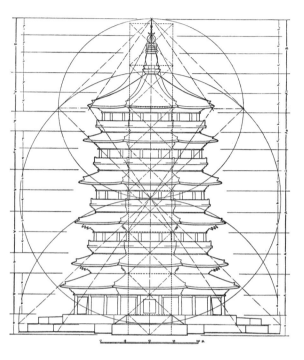

图版 55　应县木塔立面分析图（陈明达绘）

图版 56　应县木塔第四层平坐及造像（殷力欣补摄）

图版 57　天津独乐寺山门外景

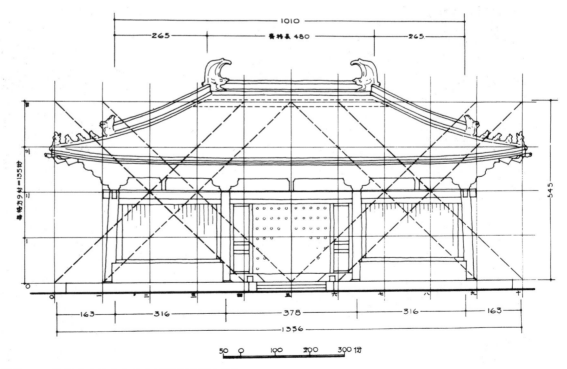

图版 58　独乐寺山门正立面分析图（陈明达绘）

图版 59　太原晋祠圣母殿全景（殷力欣补摄）

图版 60　晋祠圣母殿外廊局部（殷力欣补摄）

图版 61　晋祠圣母殿侧面　后檐（殷力欣补摄）

图版62 雨华宫旧影（中国营造学社旧照）

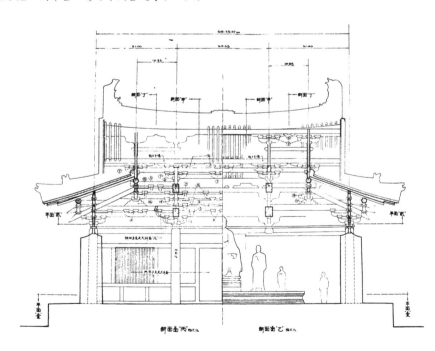

图版63 雨华宫断面图（莫宗江绘）

图版64　天津宝坻广济寺三大士殿旧影之一（梁思成摄）

图版65　广济寺三大士殿旧影之二（梁思成摄）

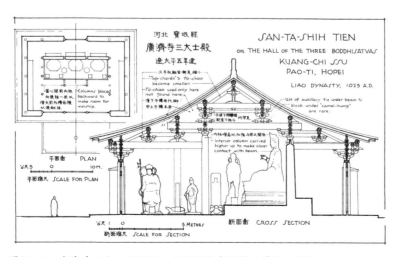

图版66　广济寺三大士殿平面、断面图（中国营造学社旧图）

图版 67　山西大同善化寺大殿旧影（中国营造学社旧照）

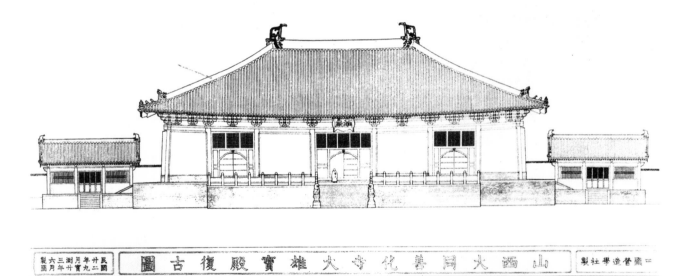

图版 68　善化寺大殿复古图（中国营造学社旧图）

图版 69　苏州虎丘二山门外景（陈明达摄）

图版 70　虎丘二山门平棊（陈明达摄）

图版 71　虎丘二山门补间铺作里转（殷力欣补摄）

河北正定隆兴寺
摩尼殿 实物十世纪

图版 72　正定隆兴寺摩尼殿旧影之一（陈明达摄）

图版 73　摩尼殿旧影之二（陈明达摄）

图版 74　摩尼殿室内一角（殷力欣补摄）

图版 75　大同善化寺三圣殿旧影（中国营造学社旧照）

图版 76　上海真如寺大殿现状（殷力欣补摄）

图版 77 真如寺大殿铺作层之一（殷力欣补摄）

图版 78 真如寺大殿铺作层之二（殷力欣补摄）

图版 79　涞源阁院寺文殊殿外景（殷力欣补摄）

图版 80　阁院寺文殊殿转角铺作（殷力欣补摄）

图版 81　阁院寺文殊殿转角铺作里转（殷力欣补摄）

图版 82　朔县崇福寺弥陀殿（莫宗江摄）

图版 83　永济永乐宫三清殿

图版 84　永乐宫龙虎殿

图版 85　永乐宫纯阳殿

图版 86　平遥文庙（陈明达摄）

图版 87　平遥文庙后檐斗栱

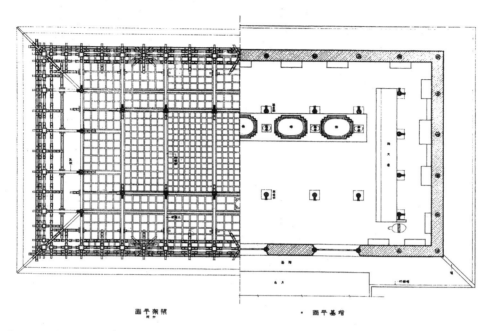

图版 88　大同上华严寺大殿平面图

图版 89　正定隆兴寺转轮藏殿旧影

图版 90　隆兴寺转轮藏殿室内现状（殷力欣补摄）

图版 91　隆兴寺慈氏阁（殷力欣补摄）

图版 92　武义延福寺旧影（梁思成摄）

图版 93　延福寺梁架

图版 94　山西洪洞水神庙明应王殿

图版 95　洪洞水神庙明应王殿内檐金柱明间斗栱

图版 96　苏州玄妙观三清殿旧影

图版 97　玄妙观太上老君像

图版98 泰宁甘露庵全景

图版100 甘露庵观音阁

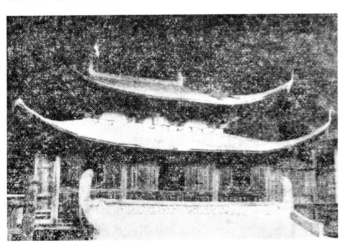

图版99 甘露庵上殿

图版101 甘露庵南安阁

图版 102　河北定兴慈云阁全景（殷力欣补摄）

图版 103　定兴慈云阁转角铺作（殷力欣补摄）

图版 104　定兴慈云阁室内梁架（殷力欣补摄）

图版 105 易县开元寺观音殿

图版 106 开元寺观音殿转角铺作

图版 107　佛光寺文殊殿外景（中国营造学社旧照）

图版 108　佛光寺文殊殿外景　背立面、侧立面（殷力欣补摄）

图版 109　佛光寺文殊殿内景（殷力欣补摄）

图版 110　佛光寺文殊殿外檐铺作（殷力欣补摄）

图版 111　佛光寺文殊殿铺作里跳（殷力欣补摄）

图版 112　曲阳北岳庙德宁殿外景（陈明达摄）

图版 113　北岳庙德宁殿内景（刘敦桢摄）

图版 114　十三陵长陵祾恩殿（中国营造学社旧照，水残资料）

图版 116　故宫太和殿全景（中国营造学社旧照）

图版 115　十三陵长陵祾恩殿内景

图版 117　故宫太和殿翼角压脊兽

图版 118　故宫太和殿内部梁柱及彩绘

图版 119　故宫太和殿蟠龙藻井

图版 120　北京太庙前殿外观（中国营造学社旧照）

图版 121　北京太庙前殿内景

图版 122　故宫太和门全景（中国营造学社旧照，水残资料）

图版 123　故宫太和门大门近景

图版 124　故宫武英殿外观（中国营造学社旧照）

图版 125　北京智化寺如来殿

附　录

古代木结构建筑技术研究笔记

（一）重要木结构建筑实例表（草稿。笔记之一）①

按年代先后分三个阶段排列：

壹　唐代至北宋末　　共 24 例　　**贰**　金、南宋、元　　共 23 例

叁　明、清　　　　　共 22 例

以上前两个阶段又各分为三项内容，即：

1. 年代，规模，结构形式，建筑形式（外观、屋内平棊、彻上明造等）。

2. 份值，材，栔高，足材高，相当《法式》材等。

3.（份值，材等）　心间广（分柱头、柱脚），椽长，檐飞出，总檐出补间朵数。

4.（份值，材等）　总广，总深　铺作：外转、里转，柱头铺作、补间铺作、转角铺作，副阶，缠腰铺作。

5.（份值，材等）　下檐柱高，普拍方高，铺作总高，举高，总高。

6. 柱径，槫径，椽径，主梁（长、宽、高），平梁（长、宽、高）。

以上以"壹（或贰）—1（或 2、3、4）"分别标题。

第三阶段内容次序，与前两个阶段不同。

1. 年代，形式，规模，明间平身科攒数，斗口。

2. 明间面阔，最大步架长，檐出，总檐出。

3. 下檐柱高，斗科形式，举高，总高。

4. 柱径，檩径，椽径，主梁（长、宽、高）。

5.（项目及次序的另一种排列形式）参考。

（应补充：朵距、口数）

---

① 此篇似为作者撰写中国古代木结构建筑技术史过程中的工作记录草稿，文中所提"表壹、表贰"，遗物中并无遗存，很可能是有计划要对作者原作《唐宋木结构建筑实测记录表》做一次时间跨度延续至清代的修订，但这个计划并未实施。

表壹、表贰之资料来源：

涞源阁院寺文殊殿：见清华大学建筑系编《建筑史论文集》第二辑，1979年。

泰宁甘露庵各建筑：见原建筑科学院建筑理论及历史研究室编《建筑历史研究》第二辑，1983年；张步骞《甘露庵》，并参考原文化部文物局古建筑修整所测稿。

永乐宫各建筑：见杜仙洲《永乐宫的建筑》，《文物》1963年第8期。

武义延福寺：见陈从周《浙江武义县延福寺元构大殿》，《文物》1966年4期。

真如寺：见上海文物保管委员会《上海市郊元代建筑真如寺正殿中发现的工匠墨笔字》，《文物》1966年3期。

曲阳北岳庙德宁殿：著者1935年测量，并参考河北省文物局测稿。

洪洞县赵城水神庙明应王殿、平遥文庙大成殿：原文化部文物局古建筑修整所测稿。

登封少林寺初祖庵：著者1936年测量，参阅文化部文物局文物保护科学技术研究所测稿。

易县开元寺三殿及定兴慈云阁：著者1934年测量，根据原测稿。

除上列外，其余各建筑资料来源请参阅拙著《营造法式大木作制度研究》"表31说明"。其中华林寺、独乐寺，均据最近重测有所改正。

例表1

朝代	序号	建筑	年代	材等	下檐柱高	铺作铺数	铺作高	实测斗口
唐—五代	［1］	佛光寺大殿	大中十一年（857年）	一	499/250	七铺作双抄双下昂，偷心、重栱	249/125	20.5
	［4］	华林寺大殿	吴越钱弘俶十六年（964年）	一	480/218	七铺作双抄双下昂，偷心、重栱	265/120	17
辽—北宋	［7］	独乐寺观音阁	统和二年（984年）	二	屋内 429/252	七铺作双抄双下昂，偷心、重栱	221/130	18
	［10］	保国寺大殿	大中祥符六年（1013年）	五	422/295	七铺作双抄双昂，偷心、单栱	175/122	14.5
	［12］	晋祠圣母殿	天圣间（1023—1031年）	五	386/270	六铺作双抄一昂，偷心、单栱	180/126	16
金—南宋	［27］	崇福寺弥陀殿	皇统三年（1143年）	三	593/355	七铺作双抄双昂，偷心、重栱	208/125	16
	［37］	玄妙观三清殿	淳熙六年（1179年）	三（六）	503/314	七铺作双抄双昂，偷心、单栱	250/156	16

续表

朝代	序号	建筑	年代	材等	下檐柱高	铺作铺数	铺作高	实测斗口
元	[39]	永乐宫三清殿	中统三年（1262年）	五	534/387	六铺作一抄二昂，计心，重棋	163/118	13.5
	[42]	北岳庙德宁殿	至元七年（1270年）	五	502/358	六铺作一抄二昂，计心，重棋	142/101	14
明	[50]	长陵祾恩殿	永乐十一年（1413年）	相当宋一等	下651/339	上七铺下六铺，下单翘重昂溜金	239/125	9.5厘米（二寸九七）
	[51]	智化寺如来殿	正统九年（1444年）	相当宋五等	上331/237 下354/252 368/263	上六铺下五铺，上单翘重昂	上112/79 下78.5/56	8厘米（二寸五）
	[50]	太庙正殿	万历年（1573—1620年）	相当宋一等	686.5/358	上七铺下六铺，单翘重昂溜金	175/91	12.7厘米（三寸九六）
清	[62]	故宫中和殿	康熙年（1661—1722年）	相当宋四等	572/373	六铺，单翘重昂	113/74	8厘米（二寸五）
	[65]	故宫太和殿	光绪十五年（1889年）	相当宋二等	730/417	上七铺下六铺，下单翘重昂溜金	121/68.5	9厘米（二寸八一）

八等材份值：一、1.92厘米　　二、1.76厘米　　三、1.60厘米

四、1.536厘米　　五、1.408厘米　　六、1.28厘米

七、1.12厘米　　八、0.96厘米

例表2

朝代	序号	铺作：柱高		柱高：檐高	
唐—五代	[1]	5.0:10 1:2	（125:250）份	6.7:10 1:1.5	（250:375）份
	[4]	5.5:10 1:1.8	（120:218）份	6.5:10 1:1.55	（218:338）份
辽—北宋	[7]	5.3:10 1:1.95	（130:252）份	6.6:10 1:1.55	（252:382）份
	[10]	4.3:10 1:2.4	（122:295）份	7.0:10 1:1.4	（295:417）份
	[12]	4.7:10 1:2.15	（126:270）份	6.8:10 1:1.46	（270:396）份

续表

朝代	序号	铺作：柱高		柱高：檐高	
金—南宋	［27］	3.7:10 1:2.85	（125:369）份	7.3:10 1:1.35	（369:494）份
	［37］	5.0:10 1:2.4	（156:314）份	6.7:10 1:1.50	（314:470）份
元	［39］	3.0:10 1:2.4	（118:397）份	7.6:10 1:1.3	（397:515）份
	［42］	2.75:10 1:3.65	（101:370）份	7.8:10 1:1.28	（370:471）份
明	［50］	3.8:10 1:2.70	（125:339）份	7.3:10 1:1.38	（339:464）份
	［51］	3.3:10 1:3.4	（79:263）份	7.7:10 1:1.30	（263:342）份
	［50］	2.5:10 1:3.8	（91:358）份	8.0:10 1:1.26	（358:449）份
清	［62］	2.0:10 1:5.1	（74:373）份	8.3:10 1:1.20	（373:447）份
	［65］	1.65:10 1:6.1	（68.5:417）份	8.6:10 1:1.17	（417:485.5）份

（铺作高＋柱高＝檐高。铺作逐步减低，柱子逐渐加高。）

（二）古代木构建筑柱高铺作高实测表（笔记之二）①

（现存古建筑之实测资料较完备者）

序号	朝代	建筑	补间朵数	柱高 （不包括普拍方）	铺作高	普拍方高
［1］	唐	南禅寺大殿（782年）	无	382/239	157/98	
［2］	唐	佛光寺大殿（857年）	一	499/250	249/125	
［3］	五代	镇国寺大殿（963年）	一	342/233	185/126	
［4］	五代	华林寺大殿（964年）	二	480/281	265/120	
［5］	辽	阁院寺文殊殿（966年）	一	473/263	190/110	18/10

① 此表所列 69 座建筑，似为作者所圈定的基本资料，故其序号在以下文稿和列表中多次出现。今以［　］号标示其特定含义。

续表

序号	朝代	建筑	补间朵数	柱高 （不包括普拍方）	铺作高	普拍方高
［6］	辽	独乐寺山门（984 年）	一	434/271	174.5/109	
［7］	辽	独乐寺观音阁（984 年）	一或无	429/252（内柱）	221/130（上层）	下层内柱有 17/11
［8］	北宋	虎丘二山门（995—997 年）	二	382/279	87.5/64	
［9］	北宋	永寿寺雨华宫（1008 年）	无	408/255	154/96	10/6
［10］	北宋	保国寺大殿（1013 年）	二	422/295	175/122	
［11］	辽	奉国寺大殿（1020 年）	一	595/309	248/128	20/10
［12］	北宋	晋祠圣母殿（1023—1031 年）	一或无	783/548 副阶 386/270	180/126 副阶 148/103	13/9（副阶同）
［13］	辽	广济寺三大士殿（1024 年）	一	438/273	175/109	18/12
［14］	辽	开善寺大殿（1033 年）	一	482/307	173.5/111	17.5/11
［15］	辽	华严寺薄伽教藏殿（1038 年）	一	499/312	169/106	17/11
［16］	北宋	隆兴寺摩尼殿（1052 年）	二	856/611 副阶 368/263	95/68 副阶 155/111	19.5/14 副阶 15/11
［17］	辽	佛宫寺释迦塔（1056 年）	一*	885/521 副阶 443/126	208/122 副阶 170.5/100	17/10（各层同）
［18］	辽	善化寺大殿（11 世纪）	一	626/362	193/112	22/13
［19］	辽	华严寺海会殿（11 世纪）	无	435/272	100/63	16/10
［20］	辽	善化寺普贤阁（11 世纪）	一	上 382/254 下 503/335	160/107	16/11
［21］	辽	开元寺观音殿（1105 年）	一	343/234	101/69	10/7
［22］	辽	开元寺毗卢殿（1105 年）	一	410/280	163.5/112	16.5/11
［23］	辽	开元寺药师殿（1105 年）	一	379/265	120.5/84	15.5/11
［24］	北宋	少林寺初祖庵（1125 年）	二	353/287	115/93	
［25］	金	佛光寺文殊殿（1137 年）	一	448/285	158/101	20/13
［26］	金	上华严寺大殿（1140 年）	一	724/362	215/108	24/12
［27］	金	崇福寺弥陀殿（1143 年）	一	593/355	208/125	23/14
［28］	金	善化寺三圣殿（1128—1143 年）	二	618/357	226/131	28/16

续表

序号	朝代	建筑	补间朵数	柱高 （不包括普拍方）	铺作高	普拍方高
［29］	金	善化寺山门（1128—1143年）	二	586/366	164/103	22/14
［30］	南宋	隆兴寺转轮藏殿（12世纪）	二	上 512/366 下 475/338	173/98	17/13
［31］	南宋	甘露庵厫阁（1146年）	无	275/217	105/85	
［32］	南宋	甘露庵观音阁（1153年）	一	282/226 副阶 147/119	134/109	
［33］	南宋	甘露庵上殿（1146—1153年）	二	355/288 副阶 198/161	120/97	
［34］	金	平遥文庙大成殿（1163年）	一	502/289	258.5/148	17/10
［35］	南宋	甘露庵南安殿（1165年）	一	320/260 副阶 160/130	108/88	
［36］	金	隆兴寺慈氏阁（12世纪）	二	上 454/325 下 359/256	174/124	16/11
［37］	南宋	玄妙观三清殿（1179年）	二	945/591 副阶 493/310	250/156 副阶 100/62.5	16/10
［38］	南宋	甘露庵库房（1227年）	无	203/164	57/46	
［39］	元	永乐宫三清殿（1262年）	二	534/387	163/118	13.5/9.9
［40］	元	永乐宫纯阳殿（1262年）	二	486/365	162/122	18/13.5
［41］	元	永乐宫重阳殿（七真殿）（1262年）	二	410/332	125.5/102	13.3/11
［42］	元	北岳庙德宁殿（1270年）	二	1000/714 副阶 502/358	183/131 副阶 142/101	18/13 17/12
［43］	元	永乐宫无极门（龙虎殿）（1294年）	一	442/359	130/105	12.5/10
［44］	元	定兴慈云阁（1306年）	二	757/632 缠腰 389.5/324	126.5/105 112/93	13/10.8 12.5/10.4
［45］	元	武义延福寺大殿（1317年）	三	480/446 副阶 320/310	130/127 副阶 72/70	
［46］	元	水神庙明应王殿（1319年）	二	705/480.7 副阶 381/258	156/107 103/70	17/12 24/16
［47］	元	真如寺大殿（1320年）	四	427/475	93.5/104	10/11
［48］	明	大同南门楼	二	370 厘米	9.2（斗口）	12(4)/斗口　厘米(寸)
［49］	明	长陵祾恩门（1413年）	八	518	11.2	8（2.5）

序号	朝代	建筑	补间朵数	柱高（不包括普拍方）	铺作高	普拍方高
[50]	明	长陵祾恩殿（1413 年）	八	651 下 上	11.2 13.2	9.5（3）
[51]	明	智化寺如来殿（1444 年）	六	354 下 上	9.2 11.2	8（2.5）
[52]	明	苏州文庙（1474 年）	四	1525 上 495 下	9.2	11（3.5）
[53]	明	曲阜孔庙奎文阁（1504 年）	四	505 上 下	11.2 9.2	11（3.5）
[54]	明	太庙正殿（1573—1620 年）	六	716 上 下	13.2 11.2	12.7（4）
[55]	明	太庙中殿（1573—1620 年）	六	642	11.2	12.5（4）
[56]	明	太庙戟门（1573—1620 年）	六	577	11.2	12.5（4）
[57]	明	西华门	六	652 上 下	13.2 9.2	12.5（4）
[58]	明	社稷坛前殿	六	596	11.2	12.5（4）
[59]	明	社稷坛戟门	六	515	7.2	9（3）
[60]	清	紫禁城午门正殿（顺治）	八	625 上 下	13.2 11.2	9.7（3）
[61]	清	紫禁城端门（康熙）	六	614 上 下	11.2 9.2	9.5（3）
[62]	清	紫禁城中和殿（康熙）	六	572	11.2	8（2.5）
[63]	清	紫禁城武英殿（同治）	八	525	11.2	9（3）
[64]	清	紫禁城太和门（光绪）	八	624 上 下	11.2 9.2	9（3）
[65]	清	紫禁城太和殿（光绪）	八	730 上 下	13.2 11.2	9（3）
[66]	清	紫禁城保和殿（光绪）	八	597 上 下	9.2 7.2	7（2）
[67]	清	紫禁城体仁阁	六	597	9.2 7.2	7.5（2.5）
[68]	清	紫禁城文华殿	六	534	11.2	9（3）
[69]	清	紫禁城昭德门	六	568	7.2	8（2.5）

（* 包括普拍方）

（三）古建筑详测实例记录（笔记之三）

现存古建筑经详测（个别初测），资料较完备的，自唐代南禅寺至元代真如寺共有建筑 47 座，使用了 65 种外檐铺作（不包括平坐）。

类型	唐至元 47 座、65 例	明代 12 座、17 例	清代 10 座、16 例
斗口跳	1 例		
四铺作	7 例	1 例	2 例
五铺作	34 例	5 例	4 例
六铺作	10 例	8 例	8 例
七铺作	12 例	3 例	2 例
柱梁作	1 例		

（唐至清 69 座、98 例）

易县开元寺三殿用铺作

易县开元寺观音殿　属四铺作

外檐外转出一抄下加替木，跳上偷心造。心间用补间一朵。柱头里转出三抄，下加替木，全偷心。补间同。

易县开元寺毗卢殿　属五铺作

外檐外转出双抄计心，重栱造。心间用补间一朵，铺作外转同柱头。转角缠柱造。柱头铺作里转出双抄（或三抄）承栿，补间铺作里转出五抄承平棊方。里转全部偷心造。

易县开元寺药师殿　属五铺作

外檐外转五铺作，出双抄，全偷心造。柱头铺作里转出一（或二）抄跳承栿，补间铺作出双抄。里转铺作一律偷心造。

铺作于斗口内加替木，共有 3 例。除开元寺观音殿外，另 2 例为：

1056 年　释迦塔第五层外檐四铺作下加替木；

十一世纪　海会殿外檐斗口跳下加替木。

外檐铺作用五铺作者共 34 例，除易县开元寺 2 例之外，其余 32 项为：

［1］782 年　南禅寺大殿　双抄偷心、里转一跳，无补间。

［5］966 年　阁院寺　双抄，补间一朵。

［6］984 年　独乐寺山门　五铺作双抄、里转二抄，补间一朵。

［9］1008 年　雨华宫　五铺作一抄一昂，无补间。

［12］1023—1031 年　圣母殿副阶　五铺作双假昂。

［13］1024 年　三大士殿　五铺作双抄计心重栱，补间一朵。

［14］1033 年　开善寺大殿　五铺作双抄，补间一朵。

［15］1038 年　薄伽教藏殿　五铺作双抄计心重栱一朵。

［16］1052 年　摩尼殿殿身　五铺作一抄一昂。

［16］1052 年　摩尼殿副阶　五铺作一抄一昂，补间二朵。

［17］1056 年　释迦塔副阶　五铺作双抄，补间一朵。

［17］1056 年　释迦塔四层　五铺作双抄，补间一朵。

［18］十一世纪　善化寺大殿　五铺作双抄计心重栱。

［20］十一世纪　善化寺普贤阁下层　五铺作双抄计心重栱。

［20］十一世纪　善化寺普贤阁上层　五铺作双抄计心重栱。

［24］1125 年　初祖庵　五铺作一抄一昂。

［25］1137 年　佛光寺文殊殿　五铺作一抄一昂。

［26］1140 年　上华严寺大殿　五铺作双抄。

［29］1128—1143 年　善化寺山门　补间二朵。

［30］十二世纪　转轮藏殿下层　五铺作双抄。

［30］十二世纪　转轮藏殿上层　五铺作双抄。

［31］1146 年　甘露庵蜃阁　五铺作双抄。

［32］1153 年　甘露庵观音阁副阶　五铺作双抄。

［33］1146—1153 年　甘露庵上殿殿身　五铺作双抄。

［33］1146—1153 年　甘露庵上殿副阶　五铺作双抄。

［35］1165 年　甘露庵南安殿　五铺作双抄。

［41］1262 年　永乐宫七真殿　五铺作一抄一昂二朵。

［42］1270 年　北岳庙德宁殿副阶　五铺二昂。

［43］1294 年　永乐宫龙虎殿　五铺作一抄一昂。

［44］1306 年　慈云阁　五铺二昂。

［45］1317 年　延福寺副阶　五铺二抄。

［46］1319 年　明应王殿殿身　五铺二昂。

五铺作里跳加铺或挑斡：

［6］984 年　独乐寺山门　补间里转，七铺四抄。

［12］1023—1031 年　圣母殿副阶　里转，六铺三抄。

［13］1024 年　三大士殿　里转，七铺四抄。

［16］1052 年　摩尼殿　里转，七铺四抄。

［18］十一世纪　善化寺大殿　里转，八铺五抄。

［22］1105 年　开元寺毗卢殿　里转，八铺五抄。

［26］1140 年　上华严寺大殿　里转，八铺五抄。

［46］1319 年　明应王殿　里转，六铺三抄。

［8］宋至道中（995—997 年）　虎丘二山门　里转四铺挑斡（为现存挑斡最早实例）。

［14］1033 年　开善寺大殿　里转四铺挑斡。

［24］1125 年　初祖庵　里转挑斡。

［41］1262 年　永乐宫七真殿　里转两跳挑斡。

［42］1270 年　德宁殿副阶　里转两跳挑斡。

［43］1294 年　永乐宫龙虎殿　里转两跳挑斡。

［44］1306 年　慈云阁　里转一跳挑斡。

现存明以前 47 座及明清 22 座建筑用铺作表

五铺作以下共仅 9 例（另明清 3 例）

［38］1227 年　柱梁作　甘露庵库房

［19］十一世纪　斗口跳下加替木　海会殿

［8］995—997 年　四铺作　虎丘二山门　单抄

［17］1056 年　四铺作下加替木　释迦塔第五层　单抄

［21］1105 年　四铺作下加替木　开元寺观音殿　单抄

［37］1179 年　四铺作　玄妙观三清殿副阶　单昂

［44］1306 年　四铺作　慈云阁缠腰　单昂

［46］1319 年　四铺作　明应王殿副阶　单昂

［47］1320 年　四铺作　真如寺大殿　单昂

［59］明　四铺作　社稷坛戟门　单昂　补间六朵

［67］清　四铺作　体仁阁下层　单昂　补间六朵

［69］清　四铺作　昭德门　单昂　补间六朵

明五铺作　5 例

［48］1372 年　大同南门楼　重翘　补间二朵

［51］1444 年　智化寺如来殿下檐　单翘单昂　补间六朵

［52］1474 年　苏州文庙　重翘溜金　补间四朵

［53］1504 年　奎文阁下檐　重昂　补间四朵

［57］明　西华门下檐　单翘单昂　连瓣　补间六朵

清五铺作　4 例

［61］1662—1722 年（康熙）　端门下檐　重昂　连瓣　补间六朵

［64］1875—1908 年（光绪）　太和门下檐　重昂　补间八朵

［66］1875—1908 年（光绪）　保和殿下檐　重昂　补间八朵

［67］1875—1908 年（光绪）　体仁阁上檐　重昂　补间六朵

外檐六铺作诸例　10 例

［12］1023—1031 年　圣母殿殿身　六铺作　双抄一昂

［17］1056 年　释迦塔三层　六铺作三抄　补间一朵

［28］1128—1143 年　三圣殿　六铺作一抄两昂

［32］1153 年　甘露庵观音阁殿身　六铺作三抄

［36］十二世纪　慈氏阁下层　六铺作三抄

［36］十二世纪　慈氏阁上层　六铺作一抄二昂

［39］1262年　永乐宫三清殿　六铺作一抄二昂

［40］1262年　永乐宫纯阳殿　六铺作一抄二昂

［42］1270年　德宁殿殿身　六铺作一抄二昂

［45］1317年　延福寺殿身　六铺作一抄二昂

外檐七铺作诸例　12例

［2］857年　佛光寺大殿　七铺作双抄双下昂

［3］963年　镇国寺大殿　七铺作双抄双下昂

［4］964年　华林寺大殿　七铺作双抄双下昂

［7］984年　独乐寺观音阁下层　七铺作四抄

［7］984年　独乐寺观音阁上层　七铺作双抄双下昂

［10］1013年　保国寺大殿　七铺作双抄双下昂

［11］1020年　奉国寺大殿　七铺作双抄双下昂

［17］1056年　释迦塔一层　七铺作双抄双昂

［17］1056年　释迦塔二层　七铺作双抄双下昂

［27］1143年　弥陀殿　七铺作双抄双下昂

［34］1163年　平遥文庙　七铺作双抄双下昂

［37］1179年　玄妙观三清殿　七铺作双抄双上昂

明六铺作诸例　8例

［49］1413年　长陵祾恩门　三翘　补间八朵

［50］1413年　长陵祾恩殿下檐　单翘重昂　补间八朵

［51］1444年　智化寺如来殿　单翘重昂溜金　补间八朵

［53］1504年　奎文阁　单翘重昂　补间四朵

［54］1573—1620年　太庙正殿　单翘重昂溜金　补间六朵

［55］1573—1620年　太庙中殿　单翘重昂溜金　补间六朵

［56］1573—1620年　太庙戟门　单翘重昂溜金　补间六朵

［58］明　社稷坛前殿　单翘重昂溜金　补间六朵

清六铺作诸例　8例

［60］1647年（顺治）　午门正殿下檐　单翘重昂溜金连瓣　补间八朵

［61］1662—1722年（康熙）　端门上檐　单翘重昂　补间六朵

［62］1662—1722年（康熙）　中和殿　单翘重昂　补间六朵

［63］1862—1874年（同治）　武英殿　单翘重昂　补间八朵

［64］1875—1908年（光绪）　太和门上檐　单翘重昂　补间八朵

［65］1875—1908年（光绪）　太和殿下檐　单翘重昂溜金　补间八朵

［66］1875—1908年（光绪）　保和殿上檐　单翘重昂　补间八朵

［68］1875—1908年（光绪）　文华殿　单翘重昂　补间六朵

明七铺作诸例　3例

［50］1413年　长陵祾恩殿　重翘重昂　补间八朵

［54］1573—1620年　太庙正殿上檐　重翘重昂　补间六朵

［57］明　西华门上檐　重翘重昂　补间六朵

清七铺作诸例　2例

［60］1647年（顺治）　午门正殿上檐　重翘重昂　补间八朵

［65］1875—1908年（光绪）　太和殿上檐　重翘三昂　补间八朵

朝代	斗口	四铺作	五铺作	六铺作	七铺作	柱梁作	总计
唐—五代（4座）			1		3		4例
辽—北宋（20座）	1	3	17	2	6		29例
金—南宋（14座）		1	10	4	3	1	19例
元代（9座）		3	6	4			13例
明代（12座）		1	5	8	3		17例
清代（10座）		2	4	8	2		16例
总69座	1	10	43	26	17	1	98例

（四）各种铺作分析表（笔记之四）

建筑实例	结构类型	外檐铺作外跳铺数	补间 有无补间铺作	补间 补间铺作朵数	昂 柱头、补间均用下昂	昂 只柱头用下昂	昂 只补间用下昂	昂 插昂或假昂	昂 草栿压昂尾	昂 昂身挑斡	昂 补间不出昂用挑斡	补间铺作 补间铺作提高	补间铺作 补间铺作朵数少于柱头	补间铺作 补间里转华栱挑斡	转角铺作 转角铺作加抹角斜栱	转角铺作 转角铺作加缠柱附角斗	身槽内铺作外跳多于里跳	加用60°或45°斜栱	身内铺作上昂
南禅寺大殿（唐建中三年）[1]	厅堂 I	五铺作（偷、单）	无																
佛光寺大殿（唐大中十一年）[2]	殿堂	七铺作（双下，偷，重）		逐间一朵		柱头双下昂			草栿压			提高一足材	五铺、双抄、偷				出四抄		
镇国寺大殿（北汉天会七年）[3]	厅堂 I	七铺作（一三，偷，重）		逐间一朵		柱头双下昂			草栿压			提高一足材	五铺、双抄、偷、单、内外匀						
华林寺大殿（吴越钱弘俶十六年）[4]	厅堂 II	七铺作（偷，重）		心间二朵、次间一朵	柱头、补间均双下昂	双下昂				柱头、补间均挑斡（耍头亦为昂，应为三昂挑）									
独乐寺观音阁（辽统和二年）[7] 下层	殿堂	七铺作（一三，重，四抄）	无									提高一足材	五，双抄，单栱				外五铺，双抄，重，里一跳		
独乐寺观音阁[7] 平坐	殿堂	六铺作（一三，偷，重）		逐间一朵													外五，偷，三抄，内一跳		

续表

建筑实例	结构类型	外檐铺作外跳铺数	有无补间铺作	补间铺作朵数	柱头、补间均用下昂	只柱头用下昂	只补间用下昂	插昂或假昂	草栿压昂尾	昂身挑斡	补间不出昂用挑斡	补间铺作提高	补间铺作数少于柱头	补间里转华栱挑斡	转角铺作加抹角斜栱	转角铺作加缠柱附角斗	身槽内铺作多子里跳	加用60°或45°斜栱	身内铺作上昂
独乐寺观音阁上层 [7]	殿堂	七铺作（双抄、双昂）		心、次间各一朵		双下昂			草栿压			提高一足材	五、双抄、偷、单		加抹角栱		外七、四抄、偷、重、里一跳		
独乐寺山门 [6]	殿堂	六铺作（偷、单）		逐间一朵								提高一足材（五，全偷）		华栱四跳	加抹角栱		五、全、偷、里外匀		
虎丘二山门（宋至道年间）[8]	厅堂 I	四铺作（计心单）	无	心间二朵、次间一朵															
雨华宫（宋大中祥符元年）[9]	殿堂	五铺作[偷、单（昂形耍头）]				单昂挑斡				挑斡	两跳上挑斡						单华栱、偷、里外匀		
保国寺大殿（宋大中祥符六年）[10]	厅堂 II	七铺作（双下昂、下一偷、单）		心间二朵、次间一朵	均用下昂	双下昂			昂头压	补间挑斡		提高一足材	五铺、内外匀						
奉国寺大殿（辽开泰九年）[11]	厅堂 II	七铺作（一、三、偷、单）		逐间一朵	补间下昂长二跳挑斡	双下昂			草栿压							缠柱造			
晋祠圣母殿（宋天圣年间）[12]	殿堂	六铺作（双抄、单昂、偷、单）		正面及梢间逐间一朵	均用昂			双假昂补间											

续表

建筑实例	结构类型	外檐铺作外跳铺数	补间：有无补间铺作	补间：补间铺作例朵数	昂：柱头、补间均用下昂	昂：只柱头用下昂	昂：只补间用下昂	昂：插昂或假昂	昂：草栿压昂尾	昂：昂身挑斡	补间铺作：补间不出昂用挑斡	补间铺作：补间铺作提高	补间铺作：补间铺作数少于柱头	补间铺作：补间里转华栱挑斡	转角铺作：转角铺作加抹角斜栱	转角铺作：转角铺作缠缠柱附角斗	身槽内铺作外跳多于里跳	加用60°或45°斜栱	身内铺作上昂
晋祠圣母殿[12]副阶		五铺作（计、单）		正面及梢间逐间一朵	均用昂			双假昂柱头	补间单昂挑斡（耍头昂飞）										
广济寺三大士殿（辽太平五年）[13]	厅堂II	五铺作（双抄、计、重）		逐间一朵								提高一足材		华栱四跳	加抹角斜栱				
开善寺大殿（辽重熙二年）[14]	厅堂II	五铺作（计、重）		逐间一朵							两跳上用挑	提高一足材	四铺作双抄	不出昂用挑斡	自栌斗口上加二跳				
薄伽教藏殿（辽重熙七年）[15]	殿堂	五铺作（计、重）		逐间一朵								提高一足材偷心			加抹角斜栱		外三至四跳，里二跳		
善化寺大殿（11世纪）[18]	厅堂II	五铺作（双抄、重、计）		逐间一朵										华栱五跳		缠柱造		心间补间60°次间加45°	
海会殿[11世纪][19]	厅堂I	斗口跳下加替木	无				单昂			补间挑斡									
隆兴寺摩尼殿（宋皇祐四年）[16]	殿堂	五铺作（偷、单）		心间三朵、次间一朵			单昂			补间挑斡									
隆兴寺摩尼殿[16]副阶		五铺作		逐间一朵						同									

续表

建筑实例	结构类型	外檐铺作外跳铺数	有无补间铺作	补间铺作朵数	柱头、补间均用下昂	只柱头用下昂	只补间用下昂	插昂或假昂	草栿压昂尾	昂身挑斡	补间不出昂用挑斡	补间铺作提高	补间铺作数少于柱头	补间里转华栱挑斡	转角铺作加抹角斜栱	转角铺作加缠柱附角斗	身槽内铺作外跳多于里跳	加用60°或45°斜栱	身内铺作上昂
隆兴寺摩尼殿[16]东龟头		五铺作		逐间一朵						东									
隆兴寺摩尼殿[16]西龟头		五铺作		逐间一朵						西									
隆兴寺摩尼殿[16]南龟头		五铺作		逐间一朵						南									
隆兴寺摩尼殿[16]北龟头		五铺作		逐间一朵						北									
应县木塔（辽清宁二年）[17]一层	殿堂	七铺作（一、三，偷、单）		心间一朵	双下昂				草栿压	木塔一层		提高一足材	七铺作单栱				里五外七、偷、重		
应县木塔[17]一层副阶		五铺作（偷、单）		逐间一朵						木塔副阶		提高一足材	五铺作，全偷心					心间加45°	
应县木塔[17]二层平坐		六铺作（重、计）		心间一朵						木塔二平									
应县木塔[17]二层		七铺作（一、三，偷、重）		心间一朵		双下昂	双插昂		草栿压	木塔二层		提高一足材	五铺，偷、单				里五外七、偷、重	心间60°	
应县木塔[17]三层平坐		六铺作（重、计）		心间一朵						木塔三平								四正面心间加45°	

续表

建筑实例	结构类型	外檐铺作外跳铺数	补间		昂							补间铺作			转角铺作		身槽内铺作外跳多于里跳	加用60°或45°斜栱	身内铺作上昂
			有无补间铺作	补间铺作朵数	柱头、补间均用下昂	只柱头用下昂	只补间用下昂	插昂或假昂	草栿压昂尾	昂身挑斡	补间不出昂用挑斡	补间铺作提高	补间铺作数少于柱头	补间里转华栱挑斡	转角铺作加抹角斜栱	转角铺作缠柱附角斗			
应县木塔[17]三层		六铺作（下跳、偷、单）		心间一朵						木塔三层							里五外七、偷、单	外檐补间45°，内补间60°	
应县木塔[17]四层平坐		六铺作（重、计）		心间一朵						木塔四平								（正面）内补间45°	
应县木塔[17]四层		五铺作（计、重）		心间一朵						木塔四层							里五外七、偷、单	（斜面）45°	
应县木塔[17]五层平坐		五铺作（偷、单）		心间一朵						木塔五平							里五外七、偷、单	四斜面心间加45°	
应县木塔[17]五层		四铺作加替		心间一朵						木塔五层									
普贤阁（11世纪）[20]下层	厅堂I	五铺作（全偷）		心间一朵								提高一替木	五铺、双抄、全偷心						
普贤阁[20]平坐		五铺作（单栱、上跳偷心）		逐间一朵															
普贤阁[20]上层		五铺作（里转一跳、双抄、重）		逐间一朵											加抹角栱		正、心，补间60°		

续表

建筑实例	结构类型	外檐铺作外跳铺数	补间		昂							补间铺作			转角铺作		身槽内铺作多子里跳	加用60°或45°斜栱	身内铺作上昂
			有无补间铺作	补间铺作朵数	柱头、补间均用下昂	只柱头用下昂	只补间用下昂	插昂或假昂	草栿压昂尾	昂身挑斡	补间不出昂用挑斡	补间铺作提高	补间铺作数少于柱头	补间里转华栱挑斡	转角铺作加抹角斜栱	转角铺作加缠柱附角斗			
佛光寺文殊殿（金天会十五年）[25]	厅堂 I	五铺作（昂形耍头）（单昂、偷）		逐间一朵		插昂												补间加45°斜	
上华严寺大殿（金天眷三年）[26]	厅堂 II	五铺作（双抄，计心，重）		逐间一朵				插昂						华栱四（五）跳		缠柱造		前后心间60°，南次间45°	
崇福寺弥陀殿（金皇统三年）[27]	厅堂 I	七铺作（昂形耍头）（一三，偷，重）		逐间一朵		双下昂		插昂							加抹角栱			前檐柱转角加45°斜	
三圣殿（金天会六年至皇统三年）[28]	厅堂 I	六铺作（单抄，计心，重）		心间次朵、梢间各一朵		柱头双插昂	补间双下昂			补间挑斡，次间不出昂不出挑斡							缠柱造		前后二次间45°，外转逐跳均□45°	
善化寺山门（金天会六年至皇统三年）[29]	殿堂	五铺作（单抄，计心，重）		心间次间各三朵，梢间一朵				柱头假昂，补间插昂									缠柱造			
转轮藏殿（12世纪）[30]	厅堂 I	五铺作（双抄，计单）		心间三朵、次，梢间各一朵															

续表

建筑实例	结构类型	外檐铺作外跳铺数	补间		昂							补间铺作			转角铺作		身槽内外铺作外跳多于里跳	加用60°或45°斜栱	身内铺作上昂
			有无补间铺作	补间铺作朵数	柱头、补间均用下昂	只柱头用下昂	只补间用下昂	插昂或假昂	草栿压昂尾	昂身挑斡	补间不出昂用挑斡	补间铺作提高	补间铺作数少于柱头	补间里转华栱挑斡	转角铺作加抹角斜栱	转角铺作加缠柱附角斗			
转轮藏殿[30]副阶		四铺作		心间二朵、次梢间各一朵															
转轮藏殿[30]平坐		六铺作(三抄,计、单)		心间二朵、次梢间各一朵															
转轮藏殿[30]上层		五铺作(计、单)		心间二朵、次梢间各一朵		单栱(耍头昂)													
玄妙观三清殿(宋淳熙六年)[37]	殿堂	七铺作(双抄双昂)		逐间一朵	各七铺双昂		单昂	假昂											
玄妙观三清殿[37]副阶		四铺作(单)		心次间各二朵、梢间一朵			四、单昂		挑斡										
慈氏阁[12世纪][36]永定柱平坐	厅堂I	六铺作(单,计)		心间三朵、次间一朵															双抄一上昂,内外匀
慈氏阁[36]副阶	厅堂I	四铺作(单,计)		心间二朵、次间一朵															

续表

建筑实例	结构类型	外檐铺作外跳铺作数	有无补间铺作	补间铺作朵数	柱头、补间均用下昂	只柱头用下昂	只补间用下昂	插昂或假昂	草栿压昂尾	昂身挑斡	补间不出昂用挑斡	补间铺作提高	补间铺作数少于柱头	补间里转华栱替挑斡	转角铺作加抹角斜栱	转角铺作加缠柱附角斗	身槽内铺作多于外跳里跳	加用60°或45°斜栱	身内铺作上昂
慈氏阁[36]缠腰		五铺作（单、计）		心间二朵、次间同一朵															
慈氏阁[36]上层		六铺作（单、计）		心间二朵、次间同一朵															
初祖庵（北宋宣和七年）[24]																			
莆田玄妙观三清殿						双昂	上昂	假昂											
开元寺（辽乾通五年）毗卢殿[22]	厅堂 I	五铺作（重、计）		心间各一朵										五抄		缠柱造			
开元寺观音殿[21]	厅堂 I	四铺作加替木		心间各一朵										三抄加替（柱头头）					
开元寺药师殿[23]	厅堂 I	五铺作（全偷）		逐间各一朵										应为五跳、现存三跳					
阁院寺文殊殿（辽应历十六年）[5] 以上四例在统计之外	厅堂 I	五铺作（偷、单）		逐间各一朵										出四抄挑	自栌斗上三材加一缝				

续表

建筑实例	结构类型	外檐铺作：铺作外跳铺数	补间：有无补间铺作	补间：补间铺作类数	昂：柱头、补间均用下昂	昂：只柱头用下昂	昂：只补间用下昂	昂：插昂或假昂	昂：草栿压昂尾	昂：昂身挑斡	昂：补间不出昂用挑斡	补间铺作提高	补间铺作数少于柱头	补间里转华栱挑斡	转角铺作加抹角斜栱	转角铺作加缠柱附角斗	身槽内铺作外跳多于里跳	加用60°或45°斜栱	身内铺作上昂
	用铺作共 53 例： 下层 26 例 上层 8 例 副阶 6 例 永定柱 1 例 平坐头 7 例 龟头 4 例 缠腰 1 例 平坐最大六铺，最小五铺，（出三跳，出二跳） 斗口跳 1 例 四铺作 5 例 五铺作 26 例 六铺作 10 例 七铺作 11 例														共 8 例	共 6 例			

（五）木结构建筑实例要素简表（笔记之五）①

（六）"铺作—偷心—计心"记录表（笔记之六）

[1]	南禅寺大殿	外五、偷，草。里一跳（侧面两跳）。
[2]	佛光寺大殿	外七铺双下昂、偷、重，里六、一抄。身内里六、一抄，外七、四抄。补提高五铺，双抄里外匀，里三抄，下二偷。
[3]	镇国寺大殿	外七、双下昂，里五、双抄，上重栱。
[4]	华林寺大殿	
[5]	涞源阁院寺	外五、偷、单，里五、偷、重，正面一跳、后面一跳、侧面三跳。补间提高，外五双，里四抄。 三间六椽、厅、厦两头。
[6]	独乐寺山门	柱头五铺双抄内外匀，外偷心，内全偷，转角加抹角。身内五铺内外匀，全偷心。外补间提高，外五铺双抄，里四跳至下平槫。身内无补间。
[7]	独乐寺观音阁	柱头双下昂，里上一跳、下二跳，偷心重栱，转角加抹角栱。补间提高，五铺双抄。 身内
[8]	虎丘二山门	外四，里一跳□栱。补间外同柱头，内两跳上挑幹，偷。
[9]	永寿寺雨华宫	外、五、偷、单、昂尾长一朵。身内一跳，内外匀。无补间。
[10]	保国寺大殿	
[11]	奉国寺大殿	外七、双下昂，一三偷、重，里双抄，下一抄偷、重。补间同。
[12]	晋祠圣母殿	
[13]	广济寺三大士殿	厅二，身内无。柱头五铺双抄、计心重栱，里全偷。转角加抹角栱。补间提高，里转出四跳至下平槫。
[14]	开善寺大殿	外五、双抄、计、重，里双抄全偷（两山三抄）。补间提高，二跳、单、里一跳上挑幹。
[15]	华严寺薄伽教藏殿	外五铺、重、计，内五铺，补间五铺两跳里外匀。｜或身内五铺内偷、平，外五铺偷、重，三或四跳。补间内双抄，外五铺偷、重、三抄。｜壁藏北、中帐心间补间用45°斜。
[16]	隆兴寺摩尼殿	柱头、补间均或用45°斜栱。上檐补间昂尾挑幹。
[17]	佛宫寺释迦塔（应县木塔）	
[18]	善化寺大殿	外五铺、重、计，内双抄转栱令。补间外五、计、重，内五抄，第二抄重栱，心间60°，次间外加45°。
[19]	华严寺海会殿	补内无出跳，仅蜀柱。
[20]	善化寺普贤阁	上：五铺、计、重，内五铺单抄。前后心间补60°，外同柱头，内双抄，全偷。 下：五铺、全偷，里一跳，补两抄。 平：五铺、计、单，内栱。 两山：补双抄内外匀。
[21]	开元寺观音殿	
[22]	开元寺毗卢殿	
[23]	开元寺药师殿	
[25]	佛光寺文殊殿	外一下插昂、偷、单，里三抄，二抄计，补间五、偷、单、内外匀，中三间加45°及第一跳上加45°，末两间只加45°。
[26]	上华严寺大殿	柱头五铺、计、重，里五、偷、重。 补间外五、计、重，里五抄，第二抄上重栱。明间60°，南次间用45°斜栱。

[27]	崇福寺弥陀殿	外七、双昂，里四抄，均一、三偷，柱头出 45° 栌斗上及二跳上，转角同，补间无 45°。
[28]	善化寺三圣殿	柱双插昂、六、计、重，内单抄。 补间双昂挑幹下平槫，内三抄，一二抄重棋、三抄偷。 前后次间外逐跳加 45°，前不出昂后挑幹。
[29]	善化寺山门	五铺重棋、计内外匀。身内及补间全同。
[30]	隆兴寺转轮藏殿	上补间里二跳上挑幹，柱头里三跳，第二跳单棋，一三偷心。
[36]	隆兴寺慈氏阁	
[37]	玄妙观三清殿	七，下一偷，单双假昂里四抄。补间同。 身内七，双抄、一上昂，下一抄偷，里外匀，补间同。
	隆兴寺山门①	外檐五铺作双抄偷心。

（七）转角铺作记录表 [14 例]（笔记之七）

1	辽统和二年（984 年）	独乐寺山门 [6]	抹角棋
2	辽统和二年（984 年）	独乐寺观音阁（上层）[7]	抹角棋
3	辽开泰九年（1020 年）	奉国寺大殿 [11]	缠柱
4	辽太平五年（1024 年）	广济寺三大士殿 [13]	抹角棋
5	辽重熙二年（1033 年）	开善寺大殿 [14]	抹角棋
6	辽重熙七年（1038 年）	薄伽教藏殿 [15]	抹角棋
7	辽（11 世纪）	善化寺大殿 [18]	缠柱
8	辽乾通五年（1105 年）	开元寺毗卢殿 [22]	缠柱
9	辽应历十六年（966 年）	涞源阁院寺 [5]	抹角棋
10	金天眷三年（1140 年）	上华严寺大殿 [26]	缠柱
11	金皇统三年（1143 年）	崇福寺弥陀殿 [27]	抹角棋
12	金天会六年至皇统三年（1128-1143 年）	善化寺三圣殿 [28]	缠柱
13	金天会六年至皇统三年（1128—1143 年）	善化寺山门 [29]	缠柱
14	金贞元二年（1154 年）	善化寺普贤阁 [20]	抹角棋
			抹角八 缠柱六
?	?	隆兴寺山门② （五间四椽，转角加抹角棋两跳）	抹角棋

---

① 此例未编入前"各种铺作分析记录表"，似因断代存疑。

② 似拟待资料查实后补充列入此表。

（八）柱—铺作—举高比例（笔记之八）

（据椽数　单位：材）

两椽

两椽1例　柱高＝总高6/10

1. 唐、北宋：无

2. 南宋、金、元：1例

[38] 甘露庵库房	11—3—4	总高18

四椽

四椽7例　柱高＝总高1/2＝总高5/10（有略大0.4或0.3）　四椽特例5例　共12例

1. 唐、北宋：总高31～36.5

[1] 唐　南禅寺大殿	16—（6.5—8.5）15	总高31
[6] 辽　独乐寺山门	18—（7—11）18	总高36.5
[8] 北宋　虎丘二山门	18.5—（4—14.5）18	总高36.5
[20] 辽　善化寺普贤阁（特例）	下层 23—13 上层 18—20	
[21] 辽　开元寺观音殿	16—（4.5—11）15.5	总高31.5
[23] 辽　开元寺药师殿	18.5—（5.5—12.5）18	总高36.5

（唐辽阶段基本是柱高＝总高/2）

2. 南宋、金、元：总高28.5～47

[29] 金　善化寺山门	25—（7—15）22	总高47
[31] 南宋　甘露庵蜃阁	15—（6—7.5）13.5	总高28.5
[32] 南宋　甘露庵观音阁（特例）	下层 11—7　副阶 14—7　上层 7—7	
[33] 南宋　甘露庵上殿（特例）	副阶 11—8　殿身 6.5—7	
[35] 南宋　甘露庵南安殿（特例）	副阶 9—8　殿身 6—6	
[44] 元　定兴慈云阁（特例）	缠柱 21.5—斗、檐、上柱 21.5—斗 7—举 22	

（南宋柱趋向加高）

六椽

六椽 8 例　六椽特例 3 例　共 11 例

1. 唐、北宋：总高 39～45.5

［3］五代　镇国寺大殿	15.5—8.5—16	总高 40
［5］辽　阁院寺文殊殿	18—7—17	总高 42
［9］北宋　永寿寺雨华宫	17—6—16	总高 39
［14］辽　开善寺大殿	21—7.5—17	总高 45.5
［22］辽　开元寺毗卢殿	19—（7.5—14.5）22	总高 41
［24］北宋　少林寺初祖庵	19—6—20	总高 45

2. 南宋、金、元：总高 40.5～48

［30］南宋　隆兴寺转轮藏殿（特例）	下层 23—16 上层 24—7—22	
［36］金　隆兴寺慈氏阁（特例）	下层 21.5—16.5 上层 22.5—8—17.5	
［41］元　永乐宫重阳殿	23—（7—18）25	总高 48
［43］元　永乐宫无极门	24.5—（7—16.5）23.5	总高 48
［46］元　明应王殿（特例）	副阶 18—15　殿身 7—19	总高 40.5

（唐辽基本是柱高＝举高，迄元未变）

八椽

八椽 11 例　八椽特例 6 例　共 17 例

1. 唐、北宋：总高 36.5～78

［2］唐　佛光寺大殿	17—8—17	总高 42
［4］五代　华林寺大殿	14.5—8—14	总高 36.5
［7］辽　独乐寺观音阁（特例）	下层 17—17，上层 17—17，10	总高 78
［10］北宋　保国寺大殿	28（20—8）—26	总高 54
［12］北宋　晋祠圣母殿（特例）	副阶 18.5—18.5，殿身 8—22	
［13］辽　广济寺三大士殿	19—7—20	总高 46
［15］辽　薄伽教藏殿	21.5—7—19	总高 47.5
［16］北宋　隆兴寺摩尼殿（特例）	副 18—23.5，4.5—28—	总高 74

续表

［17］辽　释迦塔（特例）	座 17　副 17.5—17.5　总 35 二层 18—17 三层 18—17 四层 18—14 五层 16—6—26 刹 7—39	总 265 材
［19］辽　海会殿	19—4—20	总高 43

2. 南宋、金、元：总高 45～61

［25］金　佛光寺文殊殿	20—7—18	总高 45
［27］金　崇福寺弥陀殿	24.5—8—27	总高 59.5
［28］金　善化寺三圣殿	25—8.5—27.5	总高 61
［37］南宋　玄妙观三清殿（特例）	副 21—4—15　殿身 10.5—32	
［39］元　永乐宫三清殿	26.5—8—25	总高 59.5
［40］元　永乐宫纯阳殿	25—8—23	总高 56
［45］元　武义延福寺大殿（特例）	副阶 20.5—10.5　殿身 8.5—16	

（唐辽基本是柱高＝举高，迄元未变）

十椽

十椽 5 例　十椽特例 1 例　共 6 例

1. 唐、北宋：总高 54.5～59

［11］辽　奉国寺大殿	21（加拍 21.5）—8.5—25	总高 54.5
［18］辽　善化寺大殿	25—7.5—26.5	总高 59

2. 南宋、金、元：总高 54～78

［26］金　上华严寺大殿	25—7—25	总高 57
［34］金　平遥文庙大成殿	29（19—10）—25	总高 54
［42］元　北岳庙德宁殿（特例）	副阶 25—6.5—9.5　殿身 7.5—9—31	
［47］元　上海真如寺正殿	39（32—7）—39	总高 78

（元代柱高 + 铺作 = 总高 /2）

总高：两椽　南宋　总高 1 例　18 材

四椽　南宋　总高 2 例　28.5～47 材

唐辽　总高 5 例　31～36.5 材

六椽　南宋　总高 2 例　48 材

唐辽　总高 6 例　39～45.5 材

八椽　南宋　总高 5 例　45～61 材

唐辽　总高 6 例　36.5～54 材

十椽　南宋　总高 3 例　54～78 材

唐辽　总高 2 例　54.5～59 材

柱高：两椽　南宋 1 例　6/10 （柱高／总高）

四椽　南宋 2 例　5.4/10，5.3/10

唐辽 5 例　1/2 ［柱＝铺＋举］

六椽　南宋 2 例　5/10～1.5+3.5（用四椽比）/10 ［柱＝举］

唐辽 6 例　4.3（柱）:1.4（铺作）:4.3（举）

八椽　南宋 5 例　柱高 20～26.5 材

铺作高 7～8.5 材

举 18～27.5 材 ［柱＝举］

唐辽 6 例　3.7～4.5:1.5±:4～4.7

十椽　南宋 3 例

唐辽 2 例

（九）实例构图分析（笔记之九）

实例构图分析（唐—元）

1. 总次序等

2. 不厦两头、斗尖　　4 例

3. 厦两头　　　　　30 例

4.四阿（附斗尖）　　13 例

共 47 例

斗栱的功能

横栱、替木等　起牵制华栱不教摆动和连接栱上方子之用。

各时代用材　实寸
唐、五代：

建筑	材	栔
佛光寺大殿［2］	30×20.5/15×10.25	13/6.5
南禅寺大殿［1］	24×16/15×10	11～12/6.8～7.5
镇国寺大殿［3］	22×16/15×10.5	10/6.8
华林寺大殿［4］	33×17/15×7.7	14.5/6.6

辽、北宋：

建筑	材	栔
虎丘二山门［8］	20×13/15×9.8	9/6.57
奉国寺大殿［11］	29×20/15×10.3	14/7.2
初祖庵［24］	18.5×11.5/15×9.3	7/5.7

南宋、金：

建筑	材	栔
华严寺大殿［26］	30×20/15×10	14/7
转轮藏殿［30］	21×15/15×10.7	9.5/6.8
甘露庵［33］	18.5×8.5/15×7	10/6.8

元：

建筑	材	栔
北岳庙德宁殿［42］	21×14/15×10	9/6.4
水神庙明应王殿［46］	22×14.5/15×9.9	9/6.1
真如寺大殿［47］	13.5×9/15×10	5.5/6

明（斗口）：

太庙正殿［54］	12.7（3.96 寸）
智化寺如来殿［51］	8（2.5 寸）

清（斗口）：

午门正殿［60］	9.7（3.03 寸）
保和殿［66］	7（2.18 寸）

明清斗栱用材小，柱头科及角科出跳加宽（明代不加，清代加），补间攒数增多。

《法式》加长脊槫是在一定的情况下，不是凡四阿均须推山，到清代才变成必定推。

一、材份

材等及应用范围（明清不明确）

标准间广　250～375（一间 = 两椽。椽 150，间 300）

椽长　150～187.5

椽距　净距　9（明清一椽一档，但等级简化）

檐出　依椽径定　椽径 ×70～（80/90）（檐不过步）

间广与朵数　一朵 250　二朵 375±25，补间一至二朵

柱高不越间之广（无明文，但高尺寸仍不越间之广）

副阶　柱高　据单补间 250

殿身　柱高　据单补间加倍

生起　三间生二寸（5 份）（十三间生 30 份）（每增两间递增 5 份）

出际　以椽屋计　二、四、六、八椽

脊槫增长　每次 75 份，共 150 份

二、规模形式

房屋类型　殿堂、厅堂、余屋（廊屋、门楼屋、仓廒库屋、官府廊屋、营屋）

标准间广　250～375（一间 = 两椽。椽 150，间 300）

规模　　　最大九间十椽，十一间十二椽。殿堂间椽并提，暗示有一定比例；厅
　　　　　堂多以椽计，不提间，以间无定限也。

四阿屋　　四椽三间、六椽五间、八椽七间、十椽九间　较好的比例

　　　　　　八椽五间至十椽七间　　　　　　　　　　比例不好

高

一型　柱高＝铺作高＋举高

二型　柱高＝举高

三型　柱高＋铺作高＝举高

四型　柱高×2＝举高（楼阁：应县木塔、观音阁）

（四椽屋　柱高×2＝总高　包括柱高＝铺作＋举至中平槫；柱高＋铺作高＝总高；柱高＋铺作高＋举高＝总高）

副阶（两宋、金、元）

明应王殿［46］　元

总高 59 材　殿身柱高 33　3×19=57 ≈ 59

下檐平柱 18 材　上檐举高 19

副阶（下檐）总高 28

殿身柱高 33+ 铺作 7=40

40+ 上檐举高 19=59

对殿身言：□□上柱高 + 铺作高 = 柱高 2/3　总高 ≈ 总进深 –55

（副阶总高 2/3　屋面 1/3）

武义延福寺大殿［45］　元

总高 55.5 材　副阶总高 31　副阶檐高 25.5 ≈ 上檐铺作 + 举高 =24.5

下檐平柱 20.5 材　上柱高 31　举高 16

副阶（下檐）总高 28

上檐铺作 8.5

总高 55.5 ≈ 总进深 –56

北岳庙德宁殿〔42〕　元

副阶檐高 31.5 ≈殿身举高 31　中距 26

总高 88.5 材　副阶柱高 41

副阶平柱高 25　副阶铺作高 6.5，副阶举高 9.5

殿身平柱高 48.8 ≈铺作高 9+ 举高 31=40

副阶总高 = 铺作 + 举高

总高 82.5 ≈ 88.5= 总进深（除去副阶）22×4

〔甲　元代三分法（上屋、铺作、屋盖），二分法（副阶及上屋、铺作、屋盖）〕

玄妙观三清殿〔37〕　南宋

总高 82.5 材　总深（不连副阶）75

副阶柱高 21

殿身柱高 40

殿身柱高 = 副阶柱高 ×2　殿身铺作 + 举高 =42.5

上檐铺作 8.5

总高 82.5= 殿身柱高 40+ 殿身铺作 10.5+ 举高 32

（乙　①副阶柱高 ×2= 殿身柱高；②殿身柱高 ×2= 柱高）

甘露庵南安殿〔35〕　南宋

总高 29 材　总深 30

副阶柱高 17　殿身柱高 17　殿身铺作 6+ 殿身举高 6

殿身柱高 9　副阶檐高 13

甘露庵上殿〔33〕　南宋

总高 32.5 材　总进深 23　副阶 7.5×2

殿身柱高 19　铺作 6.5+ 举 7=13.5

副阶柱高 11　副阶总高 19　副阶檐高 15

隆兴寺摩尼殿〔16〕　北宋

总高 74 材　殿身柱高 41.5—铺作 4.5—举 28　总进深 87

副阶柱高 41.5　副阶柱高 18—铺作 7—举高 16.5

副阶柱高 = 柱高 /3

柱高略为副阶柱高 ×4

至槫脊为副阶柱 ×3

（唐辽　圣母殿副阶柱高 ×2= 殿身柱高；

摩尼殿总高 = 副阶柱高 ×4；副阶柱高 ×3= 至殿脊槫高；

至南宋三清殿，柱高略小于副阶柱高）

晋祠圣母殿〔12〕　北宋

总高 67 材　副阶总高 33　殿铺作高 8　举高 22

副阶柱高 18.5　殿身柱高 = 副阶柱高 ×2=37

至脊槫高 55 ≈ 副阶柱高 ×3=55.5

柱高 67—总进深 70　副阶铺作 7　举 7.5

楼阁

慈云阁〔44〕　元

总高 65 材

分三层：①下层柱高 21.5（包括缠腰柱）

　　　　②下层柱头至上层柱头 21.5（包括下层缠腰、屋面 7.5，上柱高 14）

　　　　③上层柱头至脊 22（包括铺作 7，举 15）

　　　　（缠腰柱 21.5，阁身柱通高 43）

隆兴寺慈氏阁〔36〕　南宋

总高 85 材

平坐柱高 38（至平坐柱头）

上屋层高 22.5（至上屋柱头）：平坐铺作高 6，柱高 16.5

铺作结构层高 25.5（包括铺作、举高）：上屋铺作高 8，举高 17.5

缠腰总高 38：柱高 21.5，铺作高 7，举 3，余 6.5

甘露庵观音阁［32］ 南宋

总高 53 材

下屋 18：柱高 11，铺作、屋面 7

上屋层高 22.5（至上屋柱头）：平坐铺作高 6，柱高 16.5

副阶 21：平坐铺作 6，柱高 8，铺作屋面 7

上层 14：铺作 7，屋面 7

隆兴寺转轮藏殿［30］ 南宋

总高 92 材

下屋 39：柱高 23，铺作 7，举高 9

上屋盖 24：平坐铺作 6.5，柱高 17.5

上屋 29：上屋铺作 7，举高 22

善化寺普贤阁［20］ 辽

总高 74 材

下屋 36：柱高 23，铺作 5.5，举高 7.5

上屋 18：铺作 5，柱高 13

屋盖 20：上屋铺作 7，举高 13

佛宫寺释迦塔［17］ 辽

总高 264 材

副阶及一层 35：副阶柱 17.5，副阶铺作 + 举 17.5

一层铺作举高 17

二层 35（18，17）

三层 35（18，17）

四层 31（塔身 17，屋盖 14）

五层 48（铺作塔身 16，铺作 6，屋面 26）

刹 46（砖座 7，铁刹 39）

最下塔座 17

独乐寺观音阁 ［7］ 辽

总高 78 材　四个柱高 68+ 槫脊处举高 10=78

地面至屋内藻井顶 68= 柱高 17×4

下层柱高 17，铺作屋面 17，平坐铺作上屋柱 17

上层铺作、藻井 17=（上层铺作　举高至槫脊 9+8）

（十）总次序补充参考数据（笔记之十）

总1

总目.

唐 唐—— 北宋末

I型	1.	南禅寺大殿	建中三年	782	未注明檐柱或引檐的为唐所遗造 四椽
I型	2.	佛光寺大殿	大中十一年	857	四阿 八椽
II型	3.	镇国寺大殿	北汉天会七年	963	九四椽
II型	4.	华林寺大殿	吴越钱弘俶十八年	864	八椽
II型	5.	阁院寺大殿	应历十六年	966	九椽
I型	6.	独乐寺山门	统和二年	984	四阿 四椽
IV型 ✓	⑦	独乐寺观音阁	统和二年	984	八椽
I型	8.	崇岳寺二山门	宋至道中	995—997	四椽
I型	9.	永寿寺雨华宫	宋大中祥符元年	1008	九椽
III型	10.	保国寺大殿	宋大中祥符六年	1013	八椽
I型	11.	奉国寺大殿	辽太平元年	1020	四阿 十椽
✓	⑫	云冈昭化殿	宋天圣间	1023—1031	八椽
I型	13.	广济寺三大士殿	辽太平四年	1024	四阿 八椽
I型	14.	开善寺大殿	辽重熙二年	1033	四阿 九椽
II型	15.	海伽教藏殿	辽重熙七年	1038	八椽
✓	⑯	隆兴寺牟尼殿	宋皇祐四年	1052	八椽
沉子及面阔三层子	⑰	佛宫寺释迦塔	辽清宁二年	1056	斗尖 八椽
II型	18.	善化寺大殿	辽	约十一世纪中	四阿 椽十
✓ 折3×2＝另半I型	19.	上华严寺海会殿	辽	" " " 八椽 不厦	八椽
✓	⑳	善化寺普贤阁	辽	" " "	四椽
I型	21.	开元寺观音殿	辽	乾统五年 1105	四椽

剧、准、张 吗加〇

总 2

I型		·22.	阁院寺毗卢殿	辽	乾统五年 1105	六铺
I型		·23.	阁院寺菩师殿	辽	乾统五年 1105	四铺 四铺
II型		·24.	才林寺初祖庵	宋	宣和七年 1125	六铺

贰　南宋—金—元

VII型	1.	·25.	佛光寺文殊殿	金	天会十五年 1137	五段	八铺
II型	2.	·26.	上华严寺大殿	金	天眷三年 1140	四铺	十铺
II型	3.	·27.	崇福寺弥陀殿	金	皇统三年 1143		八铺
II型	4.	·28.	善化寺三圣殿	金	1128—1143	四铺	八铺
I型	5.	·29.	善化寺山门	金	1128—1143	四铺	四铺
✓	6.	㉚	隆兴寺转轮藏殿	宋	公元十二世纪		六铺
I型	7.	·31.	甘露庵□阁	宋	绍兴十六年 1146		四铺
✓	8.	㉜	甘露庵观音阁	宋	绍兴二十三年 1153		四铺
✓	9.	㉝	甘露庵上殿	宋	绍兴间 1146—1153		四铺
III型	10.	·34.	平遥文庙大成殿	金大定三年 1163			十铺
✓	11.	㉟	甘露庵□□阁	宋	乾道元年 1165		四铺
✓	12.	㊱	隆兴寺慈氏阁	宋	公元十二世纪		六铺
✓	13.	㊲	玄妙观三清殿	宋	淳熙六年 1179		十二铺 (另刻三铺)

其 3

✓Ⅰ型城	14.	38.	甘肃唐库房	宋宝庆三年奇	1227	不厦	两椽
Ⅱ型	15.	39.	永乐宫三清殿(无拔殿)	元 中统三年	1262	四阿	八椽
Ⅱ型	16.	40.	永乐宫纯阳殿(厦两头殿)	元 中统三年	1262		八椽
Ⅱ型	17.	041.	永乐宫重阳殿(七其殿)	元 中统三年	1262		六椽
✓	18.	㊷	北岳庙德宁寺殿	元 至元七年	1270	四阿	十椽
Ⅰ型	19.	043.	永乐宫无极门(龙虎殿)	元 至元三十一年	1294	四阿	六椽
✓	20.	㊹	宅兴慈云阁	元 大德十年	1306		四椽
✓	21.	㊺	武义延福寺大殿	元 延祐四年	1317		八椽
✓	22.	㊻	洪洞修广王殿	元 延祐六年	~~1326~~ 1319		六椽
Ⅲ型	23.	47.	上海真如寺大殿	元 延祐七年	1320		十椽

定年关一例
不厦两头 三例
の阿 十三例
厦两阿 三十例

以上 平坐 一例
不厦两头 三例
厦两阿 二十例
四阿 十三例
总 の四十七例

是悦楼
搭闯
用阑额 纂峨 } 其十五例

此十三例中一例为の阿 (42) 缺
のの例内为厦两阿

叁 明、清

1.	48.	大同南门城楼	明 洪武2年	1372		
2.	49.	长陵稜恩门	明 永乐十一年	1413		
3.	50.	长陵稜恩殿 の阿	明 永乐十一年	1413		
4.	51.	智化寺如来殿	明 正统九年	1444	の阿	
5.	52.	苏州府文庙大成殿	明 成化十年	1474		
6.	53.	孔庙奎文阁	明 弘治十七年	1504	厦两阿	

总 4

7.	54.	太庙正殿	明	万历间	1573—1620
8.	55.	太庙中殿	明	万历间	1573—1620
9.	56.	太庙戟门	明	万历间	1573—1620
10.	57.	故宫奉先殿阙门	明		
11.	58.	社稷坛拜殿	明		
12.	59.	社稷坛街门	明		
13.	60.	午门正殿	清	顺治四年	1647
14.	61.	端门	清	康熙间	1661—1723
15.	62.	中和殿	清	康熙间	1661—1723
16.	63.	武英殿	清	同治间	1862—1874
17.	64.	太和门	清	光绪间	1875—1908
18.	65.	太和殿	清	光绪间	1875—1908	四间
19.	66.	保和殿	清	光绪间	1875—1908
20.	67.	体仁阁	清		
21.	68.	文华殿	清		
22.	69.	昭德门	清		

总次序补充参考数据总目之四

编号	总计	心间	次间	次间	次间	梢间
1	1600/924	610/352	~~485/286~~			485/286
2	830/566	420/286				205/140
3	950/645	420/285				265/180
4	1395/970	535/372				430/299
5	1114/900 ~~1070/864~~	420/340 ~~412/335~~	420/340			347/280 ~~420/340~~
6	950/~~770.5~~ 771	390/317				280/~~227~~ 227
7	490/398 ~~300/244~~	300/244				95/77
8	755/613	475/385				140/114
※9	2582/1492	542/314	540/312			480/277
10	538/436	318/258				110/89
11	320/258	320/258				
12	2844/2061	444/~~379~~ 322	440/319	440/319		320/232
13	2035/1526	507/380	439/329			325/244
14	1746/1416	414/335	408/331			258/210
15	4266/3047	576/410	498/355	498/355	466/333	383/275
16	2068/1678	410/332	408/331			424/342
17	866/721	380/316			200/167	143/36
18	1180/1145	460/446	195/189			165/160
19	1835/1248	494/837	360/248.4 8			310/210
20	1340/1489	614/682				363/403

2

斗栱	进深			
	总计	心间	次间	梢间
1	1567/904	577/333		495/286
2	839/566	420/286		205/140
3	950/645	420/285		265/180
4	878/606	439/303		
5	1070/864	376/304		347/280
6	510/414	255/207		
7	480/390	300/244		[副]90/73
8	558/454 / 698/568	418/340		[副]140/114
※	2418/1385	510/295	474/268	480/277
10	555/450	335/272		[副]110/89
11	240/194	240/194		
12	1528/1107	444/322		320/232
13	1435/1077	南68/456	中503/378	加324/243
14	1086/881	285/231		[副]258/210
15	2632/1880 / 960/780	318/333 / 480/390	318/333	263/274
16	960/780	480/390		
17	744/621	248/207	200/167	48/40
18	1180/1145	南→北 160/155	370/360	200/194 / 160/155
19	1830/1245	?		?
20	1340/1489	南510/567	中530/589	比260/288

左侧标注：辽代 甘肃省 二层 河北 宋

3

摘要（cm/尺·）

		挑号	金号			脊号	径	总长/枘
	1	206/119	278/161			288/166	772/446	90/52
双古	2	165/112				210/143	375/255	63/43
应子	3	140/95	116/79			201/136	457/310	80.5/55
奉师	4	202/140	~~229/160~~			230/160	432/300	76/52
	5	141/115	201/164			184/150	526/429	72/58
屋脊	6	139/113				111/90	250/203	67/54
日光寺	7	73.5/68				76.5/62	150/122	83/68 ~~70/68~~
上欣	8	98/80 ~~111/90~~				111/90	209/170	60/49
×	9	缺					缺	169.5/96
南安	10	77.5/63				90/73	167.5/136	78/64
甘库	11	120/97				~~~~	120/97 ~~~~	50/41
	12	188/136	189/137	189/137		189/137	755/547	113/82
	13	188.5/142	173/130	173/130		173/130	707.5/532	113.5/86
	14	191/156	172.5/140			172/140	535.5/436	75/61
	15	179/127 ~~154/2~~	187.5/133	188/133	186/132	185/132	855.5/657	B1 84/60 126/90
	16	156/127	158/128			158/128	472/383	72.5/59
	17	130/108				185/154	315/262	明 37/31 70/58
	18	B1 156—多 160/155 100/97	90/88	90/88		135/131	415/404	B1 30/29 70/68
	19	171/117	187/128			247/168	605/413	B1 37/25 89/60
	20	128/142	130/145	137/152	129/143	130/145	654/727	28/31

5

总次序补充参考数据之三

4

铁号	斗栱外跳				斗栱里跳				身内里	
	一跳	二跳	三跳	四跳	一跳	二跳	三跳	四跳	一跳	二跳
1	50/29	40/23			50/29	40/23 40/23	64/37	52/30		
2	63/43				68/45	45/32	52/35			
3	46/31.5	34.5/23.5			46/31.5	34.5/23.5				
4	44/30	32/22			46/31	25/17				
5	37/30	35/28			35/28					
6	两跳共 67/54									
7	三跳共 83/68									
8	两跳共 57/46 60/49				53.51	41.5/45				
✕	53/	41/	42.5/	37/						
10	两跳共 78/63									
11	50/40									
12	三跳共 113/82				同外跳				铁	
13	三跳共 113.5/85				缺				缺	
14	两跳共 75/61				缺				缺	
15	46/31.5 43/29.5	37/25			46/31.5 36/24.5	34/23	57/41	57/41		
16	两跳共 72.5/59				?					
17	两跳共 70/58 30/29				?					
18	三跳共 70/68				?					
19										
20	28/31									

6

次序	身内立柱		身内外檐				铺作	
	三间	四间	一间	二间	三间	四间	外檐	身内
1							单栱三方	
2							单栱一方斗栱方	
3							单栱三方,小栱方	
4							单栱两方,小栱方	
5							重栱两方	
6							—	
7							—	
8							—	
9							—	
10							—	
11							—	
12							重栱一方	重栱一方
13			缺				重栱二方	重栱二方
14			缺				重栱一方	缺
15	42/30	38/27	35/25	身外偶勾			重栱一方	重栱一方
16	?		?				重栱一方	重栱一方
17							重栱四方,小栱方	
18							单栱一方×2又单栱栱作	
19								
20							重栱一方斗栱	

7

6

说明	外檐柱头铺作		身内柱头铺作	
	外 转	里 转	里 转	外 转
1	五铺作双杪偷心〔〕	山面三抄承椽狀 一抄承栿	檐槫下一抄承椽托栱	
2	四铺作（加替木）偷心 单抄	内三抄承椽下平转联束		
3	五铺作重栱计心双抄	出两抄承栿回靠狀		
4	五铺作双杪全偷心（似）	出一抄承栿回靠狀		
5	五铺作单抄单昂重栱计心补栱	出一栱一橔承栿狀		
6	五铺作二抄全偷心补栱	出一抄承栿元狀		
7	五铺作单抄全偷心补栱			
8	五铺作双抄全偷心			
✕				
10	补栱 五铺作双抄全偷心			
11	出一抄			
12	五铺作单抄全偷重栱计心	五铺作单抄重栱计心	五铺作双抄重栱计心	里外偷心
13	六铺作单抄重昂？	五铺作单抄橔栿	五铺作单抄橔栿	五铺作三抄？？
14	五铺作单抄偷心？	？	？	？
15	五铺作单栱二昂（似）	一抄上橔栿	一抄上橔栿、里外偷心	
16	单抄单昂重栱计心 二昂挑转二下昂	双抄承栿狀	双昂全栱	里外偷心
17	里转五铺作计心单栱 批双抄单偷心	一抄单栱 一抄承栿		
18	单抄昂上里昂挑斡偷心单栱、二抄承栿			
19	五铺作双抄计心单栱			
20	四铺作全偷心	出一抄上栱栿		

8

斗栱	外檐铺作构造		身内铺作构造	
	外转	里转	里转	外转
1	立栱作双抄偷心	出刀把头下昂	—	—
2	四栱作(加替木)偷心	出三昂水下平枋		
3	立栱作全栱外心双抄	出立抄水下平枋		
4	立栱作双抄偷心最后挑下平枋	双抄两挑水平昂方？		
5	立栱作多杪计心	偏杪华拱上承		
6	至			
7	立栱作插杪全栱心			
8	立栱作双抄全栱心			
X				
10	立栱作立双抄全栱心			
11	无			
12	同栌头	同前设	同栱设	同栌头
13	同栌头	立栱作双抄	同外栱之别	同栱设
14	立栱外单杪偷心	出两挑上起挑斡	？	？
15	同栱设	單杪、斡撑三杪挑斡头	多入铺作	里外偷心
16	同栱头	两杪上起梓撑	固定	定
17	同栱头			
18	同栱头	？		
19				
20	四栱外出偷心	出一挑上水挑斡		

8

研究	两挟	生起	普柏方子	举高	结构形式	屋内形式(手杪.微上)	瓦抎(珠板, 长x宽x高)
1	455/263	0	18/10.4	4.1	厅堂	微上明造 葉遷#	— #
2	铁		10/7	3.5	厅堂	微上明造	—
3	413/282	3/2	16.5/11	3.3	厅堂	微有凹造?	
4	390/272	11/7	15.5/11	3.8	万堂	微凹胁遗?	—
5	362/292	9/5	—	3.2	厅堂	微上明造	两际长342/279 28x22/23x18
6	275/223	0	—	4.5	厅堂	微上明造	两椽255/207 28x22/23x18
7	—	—	—	4.0	厅堂	微上明造	
8	—	—	—	4.3	厅堂	微上明造	
9 米			17/10		厅堂		
10	—	—	—	4.6	厅堂	微上明造	
11	—	—	—	4.5	厅堂	微上明造	长1字椽 320/232
12	550/398.5	16/11.5	13.5/9.9	3.3	殿堂	平基藻井	60x60/44x44圆人椽板
13	484/375	13/10	18.0/13.5	3.6	殿堂	平基藻井	铁
14	424/341	11/9	13.3/11	3.6	殿堂	微上凹造	?
15	附517/369 1020/728	斜15/11 20/14	斜17/12 18/13	3.2	殿堂	平棊	498/355长 53x30/42x21
16	448/364	6/5	12.5/10	3.5	殿堂	微上凹造	三椽椽卷472/383 60x45/49x37
17	骨接757/632	?	12.5/10.4 13/10.8	2.8	厅堂	微上凹造	—
18	?	?	—	3.9	厅堂	微上凹造	?
19	?	?	16/24/16 17/12	3.3	殿堂		?
20	429/477	1.5/1.7	10/11	2.6	厅堂	平基藻井	

	补充	寄治蔡琪私记录	桥 土			外坑铺 作土	坑土
			桥土	尾子土	坑底黄		
	1	1724/996	146/84	60/35	206/119	190/110	663/383
发素	2	876/596	101/69	44/30	145/99	101/69	459/310
呈户	3	1075/730	106/72	48/32	154/104	162.5/112	590/403
素啊	4	1016/704	80/56	47/33	127/89	120.5/84	515/360
	5	1196/974	108.5/88	65.5/53	174/141	115/93	468/380
居阿	6	634/514	108/85		108/88	105/85	380/308
甘改房	7	466/380	到间 86/69 90/73		90/73	134/109	446/337
上破	8	362/219 538/438	95/77		95/77	120/97	475/385
✕					108/62	257.5/148	776.5/447
高良	10	491/400	93/75		93/75	108/88	428/348
废	11	340/276	55/44		55/44	57/46	260/210
	12	1736/1258	126/91	61.5/45	187.5/136	163/118	710.5/515
	13	1642/1236	121/91	73/55	194/145	162/122	666/500.5
	14	1221/994	107/87	59/48	166/135	125.5/102	548.8/445
	15	2103/1494	148/105	82/58	230/164 阳196/139	阳142/101 183/131	阳661/471 1201/858
	16	1089/884	122/99	47/38	169/137	130/105	584.5/474
	17	770/640	96/80 阳85/71	47/39 47/39	143/119 阳132/110	阳112/93 126.5/105	阳514/427.4 896.5/673.5 737
	18	970/944	95/92 阳80/78	至 至	95/92 阳80/78	阳72/70 130/127	610/573 阳392/380
	19	1388/946	?	?	150/102 阳125/185	阳103/70 156/103	阳508/344 878/494.5
	20	1364/1516	84/93	38/42	122/135	93.5/104	531/590

10

总次序	补充次序	材料				名称
		栱高×厚	材值	栔子	足材高	
⑤	1	26×17/15×9.8	1.732 阁楼	14/8.07	40/23.07	南溪寺弥朱殿
㉑	2	22×16/15×10.9	1.466	10/6.8	32/21.8	易县开元观音殿
㉒	3	22×16/15×10.9	1.466	12/8	34/23	" " 毗卢殿
㉓	4	21.5×16/15×11.6	1.433	10.5/7.3	32/22.3	" " 药师殿
㉔	5	18.5×11.5/15×9.3	1.233	7/5.7	25.5/20.7	望都少林寺初祖庵
㉛	6	18.5×8.5/15×7	1.233	10/8.1	28.5/23.1	泰宁甘露岩 庵阁
㉜	7	18.5×8.5/15×7	1.233	10/8.1	28.5/23.1	" " 观音殿
㉝	8	18.5×8.5/15×7	1.233	10/8.1	28.5/23.1	" " 上殿
㉞	9	26×16/15×9.2	1.73	11.5/6.5	37.5/21.5	正定文庙大成殿
㉟	10	18.5×8.5/15×7	1.233	10/8.1	28.5×23.1	泰宁甘露岩南阁
㊱	11	18.5×8.5/15×7	1.233	8/6.6	26.5/21.6	" " " 库房
㊴	12	20.7×13.5/15×9.9	1.38	8.3/6	29/21	永寿寺三门殿
㊵	13	20×13.5/15×10.2	1.33	8/6	28/21	" " " 伽蓝殿
㊶	14	18.5×12.5/15×10.1	1.233	7/5.7	25.5/20.7	" " " 祖师殿
㊷	15	甲24×14/15×10 / 乙22×15/15×10	1.4 / 1.5	9/6.4 / 9/6.1	30/21.4 / 31/21.1	曲阳北岳庙经幢殿
㊸	16	18.5×12.5/15×10.1	1.233	7/6	25.5/21	永寿寺 雨花门
㊹	17	18×12/15×10	1.20	7/6	25/21	定兴慈云阁
㊺	18	15.5×10/15×9.7 / 甲11.5×6.5/15×8.4 / 乙17×11/15×9.8	1.03 / 甲0.77 / 1.133	6/6 / 5/6.5 / 7/6.2	21.5/21 / 16.5/21.5 / 24/21.2	武义延福寺大殿
㊻	19	22×14.5/15×9.9	1.466	9/6.1	31/21.1	永济寺明应王殿
㊼	20	13.5×9/15×10	0.9	5.5/6	19/21	上海真如寺正殿

总次序补充参考数据之十

整理说明

在陈明达先生的遗物中，以上所录 10 篇文稿与《中国古代木结构建筑技术（南宋—明清）》手稿放在同一个文件夹中，计有：

1. 重要木结构建筑实例表

2. 古代木构建筑柱高铺作高实测表

3. 古建筑详测实例记录

4. 各种铺作分析表

5. 木结构建筑实例要素简表

6. "铺作—偷心—计心"记录表

7. 转角铺作记录表（14 例）

8. 柱—铺作—举高比例

9. 实例构图分析

10. 总次序补充参考数据

这 10 份手稿很可能是陈先生写作木结构建筑技术史过程中的分析、演算笔记，今暂总其名为《古代木结构建筑技术研究笔记》。就其内容分析，有对以往工作的资料补充、修订，又似乎同时是做下一个研究课题的前期准备。仅以涉及的建筑实例来说，完成于 1978 年冬的《营造法式大木作制度研究》，以唐至南宋之间的 27 座建筑为基础材料（其中唐至五代 4 例，辽至北宋 15 例，南宋至金代 8 例）；完稿于 1987 年的《中国古代木结构建筑技术（战国—北宋）》，涉及唐代至北宋的建筑实例，增加了涞源阁院寺文殊殿、易县开元寺三殿、少林寺初祖庵等，为 24 例（唐至五代 4 例，辽至北宋 20 例）；至 1992 年修订《唐宋木结构建筑实测记录表》（载于贺业钜等著《建筑历史研究》），所涉及的实例扩充为 47 例（唐至五代 4 例，辽至北宋 20 例，南宋至金代 14 例，元代 9 例）；这份文稿又在前定唐代至元代 47 例的基础上，扩充了 22 例明清建筑实例（明代 12 例，清代 10 例），总数达 69 例。这唐代至清代的 69 座木构建筑，似可视为陈明达研究中国古代木结构建筑的基础资料。

从这些未定稿的内容看，其分析研究的视角和所关注的问题，也与之前有所变化，假以时日，或许会以此为基础，撰写新的研究论文。遗憾的是，约在 1994 年后，作者所有研究计划均因病中断。

整理者于 1997 年整理《陈明达古建筑与雕塑史论》时，囿于当时的认识水平和出版社的编辑要求，《中国古代木结构建筑技术（南宋—明清）》手稿所附"明、清两代木构建筑开间简表"等 7 个列表和这份研究工作笔记均未予收录。此次将上述文稿列为本卷附录，希望能更为全面地记录陈明达先生的学术思考，也为今后的研究工作提供一份值得重视的历史文献。

另外，本书第十卷所收录之"古建筑测稿及分析草图"①，似乎与这份笔记有直接的关联，或可参阅。

整理者

---

① 参阅本书第十卷之"古建筑测稿及分析草图"。